REEMPLAZO DE CAMIONES MINEROS

He Ahí el Dilema

Víctor Barrientos

REEMPLAZO DE CAMIONES MINEROS

He Ahí el Dilema

Auto Edición

Barrientos, Víctor

Reemplazo de Camiones Mineros – He Ahí el Dilema

190 p. ; 23 cm.

ISBN: 979-835-33-9396-2 (AMAZON)

1. **MINERÍA A TAJO ABIERTO**. 2. **INDUSTRIA MINERA**. 3. **EQUIPOS Y ACCESORIOS**.

REEMPLAZO DE CAMIONES MINEROS– HE AHÍ EL DILEMA

Primera edición: Octubre de 2022

© Víctor Barrientos Boccardo, 2022

Registro de Propiedad Intelectual Nº 2022-A-8300

© Auto Edición, 2022

Los Jardines 564, Copiapó
Región de Atacama, Chile

℡ (+ 56) 9 65 94 5170
victorbarrientos75@hotmail.com • https://mantenimientominero.cl

Composición e impresión: Auto Edición ® Diseño de portada

Víctor Barrientos Boccardo

Impreso en Estados Unidos • *Printed in USA*

ISBN 979-835-33-9396-2 (AMAZON)

Derechos reservados

ÍNDICE

Listado de Tablas

Listado de Figuras

A mi esposa Elizabeth e hijos Ignacio, Luciano y Emilio, por el amor que nos une. A mis padres Luis, María Angélica y hermanos Silvana y Maximiliano, por el incondicional apoyo brindado en todos mis proyectos.

PREFACIO

INTRODUCCIÓN

En los sectores industriales intensivos en el uso de activos físicos, los estudios de reemplazo de equipos son realizados de forma permanente y dado que requieren altos niveles de inversión, habitualmente han sido decididos por los dueños de las empresas o por su comité ejecutivo, con el compromiso de generar mayores ingresos vía disminuciones de gastos.

En el presente libro, se afronta uno de los más habituales y complejos procesos sobre reemplazo de equipos mineros como son los camiones. Su complejidad se da porque en la evaluación de proyectos se deben incluir parámetros técnico-mineros, como la *ley del mineral, las distancias de trasporte, los porcentajes de recuperación de mineral del proceso planta*, los cuales son desconocidos para una buena parte de los profesionales que están alejados del sector minero. Otra complejidad está dada porque los valores de los equipos mineros y los costos de su mantenimiento es información escasa y confidencial. La gran cantidad de camiones necesarios para la extracción de material de una mina a cielo abierto, en comparación a las demás flota de equipos de la faena, hace que su peso relativo en los costos operacionales sea el de mayor incidencia.

En los cinco capítulos de este libro se han abordado diversos y numerosos temas de forma resumida para entregar al lector información útil, concreta y lo más precisa posible. De esta forma, se ha privilegiado mostrar brevemente variados tópicos, en vez de una extensión en el desarrollo de los mismos.

En el **primer** capítulo se abordan los distintos tipos de vidas de los activos y los errores más comunes en las evaluaciones de proyectos; se muestran las áreas de optimización en los procesos de mantenimiento y una categorización de modelos de reemplazo de equipos. En este último punto, se expone cómo se categorizan las metodologías de evaluación de proyectos, en los casos donde los ingresos son variables o fijos.

En el **segundo** capítulo se presenta lo relacionado a los camiones mineros en cuanto a las diferencias entre los equipos mecánicos y eléctricos, el mercado de camiones en Chile, los costos operacionales, los servicios de mantenimiento, los precios de los equipos, las velocidades de transporte y sus productividades.

En el **tercero** capítulo se aborda el tema de los camiones mineros autónomos en cuando a sus disponibilidades y costos, comportamiento de su productividad por turno, costos para su implementación y la proyección de crecimiento del parque de equipos.

En el **cuarto** capítulo se presenta una metodología para la estimación de los ingresos que puede entregar a la compañía el uso de un camión minero. Aquí se integran aspectos financieros *(tasa de descuento, precio de venta)*, de costos *(neumáticos y cambios de componentes mayores)* y operacionales *(distancias y velocidades de transporte)*. La interrelación entre estas variables es lo que define el grado de complejidad de este tipo de evaluaciones de proyecto.

En el **quinto** y último capítulo se desarrolla en detalle y de forma numérica, la metodología para la evaluación de proyectos de reemplazo de camiones mineros, definiendo los conceptos y diferencias entre el valor actual neto (VAN) y el valor actual de costos (VAC), además del costo y valor anual equivalente (CAE y VAE).

En el sector industrial de la minería y en particular lo asociado a la flota de equipos mineros, la tendencia es a su renovación a los diez años de operación o hasta que estos presenten niveles de gastos y disponibilidades no acorde con las necesidades de producción. La literatura técnica disponible asociada al reemplazo de camiones mineros y estudios de casos reales aplicados en

16

operaciones mineras son escasos. En los estudios analizados, se aprecia que incluyen, mayoritariamente, sólo los gastos directos por el funcionamiento del equipo; y de forma excepcional, otros incluyen las pérdidas de rendimiento, como criterio de decisión.

En el libro se presenta y desarrolla una metodología, que incluye los gastos por la operación del equipo, pero también, los ingresos económicos que su funcionamiento entrega a la compañía. Evaluando ambos aspectos en su conjunto, nos permite tener una visión más amplia del impacto de la renovación del equipo en nuestros procesos productivos. Dado que los equipos de interés a desarrollar son los **camiones mineros**, su aporte a los ingresos a la empresa están vinculados a parámetros del proceso minero como son: *la ley del mineral, la relación estéril y mineral, el porcentaje de recuperación del proceso planta, las distancias de transporte, entre otros.*

Los estudios de reemplazo de equipos, independiente de las metodologías utilizadas y su grado de dificultad, son sencillamente una *"evaluación de proyecto"*, para la cual, rigen todas las nociones de ingeniería definidas para ellos, como son los conceptos de flujo de caja, valor actual neto (VAN), el valor de venta del activo y la tasa de descuento de la empresa.

El reemplazo de equipo puede estar motivado por variadas circunstancias, y una de ellas es el aumento de *requerimientos operacionales* por el incremento del procesamiento de la planta. Un ejemplo de esto, es el uso de camiones mineros de 180 toneladas, que deben ser cambiados por otros de 225 toneladas, por su mayor capacidad de transporte. Otro motivo puede ser la *irrupción de una nueva tecnología* que presente beneficios relevantes en cuanto, a productividad y costos, que haga que las empresas deban adquirirlos, obligadamente, para permanecer competitivas en la industria. Un ejemplo podría ser el caso de las empresas Fortescue Metal Group, Rio Tinto y BHP, que

17

incorporaron camiones autónomos a sus operaciones mineras de Australia.

Finalmente, se hace presente que el libro no pretende ser una guía sobre estudios de reemplazo de camiones, sino que, más bien, dar una pincelada de varios tópicos asociados a los camiones mineros, y así, estimular al lector a que profundice en estos temas y pueda incluir un mayor número de variables en sus evaluaciones de proyectos para que estas sean más certeras y eficaces.

Víctor Barrientos Boccardo
Magister PUCV y UTFSM /Ingeniero Civil Mecánico UCH
Experto en Prevención de Riesgos, SERNAGEOMIN

Copiapó, Región de Atacama, Chile
E-mail: victorbarrientos75@hotmail.com
Móvil/WhatsApp: + 56 9 65 94 51 70

ANTECEDENTES

VISIÓN GENERAL

Los estudios de reemplazo de activos físicos, están enmarcados en lo que se conoce en ingeniería como «*evaluaciones de proyectos de inversión*», donde se realiza la compra de una máquina o construye una instalación, de las cuales, mediante una explotación, uno espera obtener un cierto nivel de ganancias *(ingresos – costos)*. Al final del período definido para el término del proyecto, se debe incorporar en la evaluación, la liquidación del activo, es decir, venderlo en el mercado, por lo que finalmente, nos quedamos única y exclusivamente con los beneficios económicos del proyecto, volviendo a la situación de inicio.

En general, los proyectos de inversión generan ganancias en el mediano y largo plazo, por lo que se hace necesario incluir el valor del dinero en el tiempo, a través de lo que se conoce como la **tasa de descuento.** Esta tasa de descuento es la rentabilidad sobre la inflación que la empresa exige a sus proyectos. Otra forma de verlo, es pensar que la tasa de descuento es la rentabilidad adicional exigida por sobre un depósito a una tasa de interés bancaria. La tasa de interés bancaria, en general, es muy similar a la inflación, por lo que ambos puntos de vista son equivalentes.

Además, como de las inversiones que realizan las empresas se obtienen ganancias, ellas están afectas a impuestos y a todas las prácticas de contabilidad y reglas financieras definidas por las empresas y los gobiernos de los distintos países. El método estándar más comúnmente utilizado para evaluar las decisiones de inversión, es un análisis de ingresos y costos usando lo que se conoce como **flujos de caja** (IAM, 2015).

En los proyectos de reemplazo de equipos, está lo que se conoce como «*vida útil*», la cual, puede tener tres tipos de definiciones: vida física, vida de servicio y vida económica (Mitchell 1998).

La **vida física** es la edad en la que el equipo se ha desgastado absolutamente de forma física y ya no puede operar de forma segura para el proceso productivo *(Ejemplo: un equipo oxidado y con falla constante a altos costos de reparación, es decir, pasa habitualmente fuera de servicio)*. En este punto, por lo general, el equipo será abandonado o desechado, e incluso, vendido como chatarra.

La **vida de servicio** es la edad hasta la cual, el equipo puede seguir entregando mínimas ganancias para la empresa *(Ejemplo: equipo en buen estado, con su revisión técnica al día, pero antiguo que, al ser utilizado constantemente, comenzará a fallar y generar gastos elevados)*. Su continuidad operacional, más allá de la vida de servicio, comenzará a generar pérdidas para la empresa.

La **vida económica** es la edad del equipo, en la cual, su reemplazo maximiza las ganancias *(ingresos – costos)* para la empresa. Los propietarios de equipos se esfuerzan constantemente por maximizar la producción y minimizar los costos, lo que determinar la vida económica del activo resulta relevante. Esta métrica es la más adecuada para tomar la decisión de reemplazar un equipo.

En la figura siguiente, se muestra la relación entre los tres tipos de vida previamente definidos (Douglas, 1978).

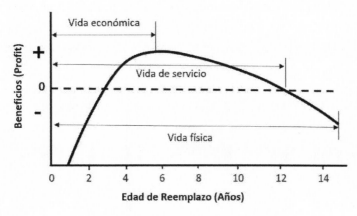

Figura 1 Tipos de vidas de un equipo

Fuente: O'Connor, 2017

Basados en la figura anterior, podemos decir que se necesita un tiempo para que la máquina pueda generar las suficientes ganancias *(ingresos – costos)* que cubran los costos de adquisición. En el transcurso de los primeros años, se pasa a una fase en la que se gana más de lo que cuesta poseerlo, operarlo y mantenerlo *(Ejemplo: en la figura anterior esto ocurre aproximadamente a contar del 3er año de operación, y es cuando los beneficios son mayores a cero).* Una máquina llega al ocaso de su «**vida de servicio**» en el instante que los costos de mantenimiento y los tiempos productivos perdidos por reparaciones, son mayores a las ganancias obtenidas con su funcionamiento (O'Connor, 2014). Por lo anterior, es que los profesionales que gestionan activos físicos, necesitan herramientas para identificar hasta qué instante de tiempo es rentable seguir operando ese equipo. *(Ejemplo: en la figura anterior es aproximadamente a los 12 años de operación, cuando los beneficios de operar el equipo comienzan a ser negativos).*

Para determinar el momento óptimo de reemplazar un equipo «**vida económica**», es decir, cuando se obtienen los máximos beneficios, se requiere, no sólo incorporar los costos directos, sino que también, otros costos indirectos como, por ejemplo, los asociados a las pérdidas de ingresos por detenciones. Este reemplazo se puede realizar por, a lo menos, algunas de estas cinco alternativas (Gransberg & Popescu & Ryan, 2006).

- *Reacondicionamiento del equipo existente*
- *renting de un equipo nuevo o usado (sin opción de compra)*
- *Leasing de un equipo nuevo (con opción de compra)*
- *Compra de un equipo nuevo*
- *Compra de un equipo usado*

VIDA DE SERVICIO EN EQUIPOS MINEROS

Una pregunta típica en los estudios de reemplazo de equipos es *¿Cuál es la vida útil del equipo?* Sabiendo las definiciones anteriores, la pregunta la podemos reformular de mejor manera diciendo *¿Cuándo es el tiempo en el que es económicamente rentable que funcione un equipo?*

En los proyectos mineros nuevos o que se encuentran en operación y deciden la compra de sus flotas de equipos, las áreas de ingeniería de minas definen un Plan Minero *(Life of Mine – LOM)*, el cual contiene todos los parámetros técnicos de operación del proyecto. Aquí se definen aspectos tales como: *dotaciones de operadores, técnicos y supervisores, movimiento de material, distancias de transporte, leyes de minerales, modelos de equipos, rendimientos, disponibilidades, metros de perforación, consumo de combustible, lubricantes y neumáticos, gastos en mantenimientos y servicios generales, entre otros.* En el Plan Minero, también se definen los años en que se requieren inversiones para las renovaciones de equipos o aumentos de flotas. Estos años para la renovación de equipos, son tomados de tablas referenciales o de la misma experiencia del evaluador del proyecto, pero, habitualmente, sin la realización de un proceso de optimización, es decir, sin ser necesariamente el instante que maximiza las ganancias *(ingresos- gastos)* para la compañía. Lo anterior es esperable, dado que los Planes Mineros contienen decenas de parámetros y supuestos los cuales deben ser definidos por el evaluador.

A continuación, se muestran algunos parámetros de referencia de la **vida de servicios** para algunos equipos mineros, recopilados de variadas fuentes.

Tabla 1 Ejemplo de vida de servicios para equipos mineros

Modelo	Equipos	Vida de Servicio [Horas]
Camiones mineros mecánicos y eléctricos		
Caterpillar 793	Camión	90.000
Caterpillar 777	Camión	48.000
Komatsu 930E	Camión	46.500
Caterpillar 797	Camión	44.400
Caterpillar 793F	Camión	36.000
Otros equipos mineros		
Caterpillar Bucyrus 495	Pala	100.000
Komatu P&H 2800	Pala	110.000
Komatsu P&H 4100 XPC Eléctrica	Pala	87.780
Komatsu PC 8000	Excavadora	63.900
Komatsu PC 5500	Excavadora	57.100
Caterpillar 6030	Excavadora	50.000
Komatsu P&H L2350	Cargador Frontal	52.540
Caterpillar 988	Cargador Frontal	48.000
Caterpillar 994K	Cargador Frontal	36.580
Caterpillar 994F	Cargador Frontal	32.020
Caterpillar Bucyrus 49R	Perforadora	100.000
Epiroc PV351	Perforadora	53.000
Epiroc DMM3	Perforadora	45.400
Epiroc PV271	Perforadora	43.300
Epiroc DM45	Perforadora	38.600
Sandvik DR560	Perforadora	34.200
Epiroc Roc L8	Perforadora	28.200
Caterpillar 777G	Camión Aljibes	47.300
Caterpillar 24M	Motoniveladora	42.800
Caterpillar 24M	Motoniveladora	40.000
Caterpillar 16M	Motoniveladora	50.000
Caterpillar 16M	Motoniveladora	36.500
Caterpillar 16M	Motoniveladora	36.000
Caterpillar D11T	Tractor de orugas	54.300
Caterpillar D10T2	Tractor de orugas	37.700
Caterpillar D10R	Tractor de orugas	50.000
Caterpillar D9	Tractor de orugas	40.000
Caterpillar 854K	Tractor de neumáticos	61.100
Caterpillar 834K	Tractor de neumáticos	52.800
Caterpillar 834	Tractor de neumáticos	60.000
Caterpillar 854	Tractor de neumáticos	48.000

Nota: Los modelos repetidos fueron mencionados por más de un autor

Fuente: Frenks (2015), Spark & Westcott & Hall (2011) y Carvajal (2021)

ERRORES COMUNES EN LOS ESTUDIOS DE REEMPLAZO

En las escuelas de ingeniería y de posgrado, la asignatura de *reemplazo de activos físicos* es escasamente desarrollada y en pregrado, mayoritariamente, el temario del ramo de *evaluación de proyectos* es superficialmente aplicado a flotas de equipos móviles. Sin embargo, lo anterior es esperable, dado que su aplicación en equipos móviles resulta ser muy específica y se espera que los alumnos la encuentren a través de un auto aprendizaje. Esta puede ser una de las causas por la que este tipo de estudios presentan algunas debilidades. En el trabajo desarrollado por Tecleab (2002), en donde realiza una revisión de variados trabajos sobre reemplazo de equipos, pudo comprobar que a menudo existen algunos errores, por ejemplo:

1. Calcular la **depreciación** sobre el valor original del equipo antiguo, en vez de realizar un flujo de caja que incluye el efecto de la depreciación del activo en el tiempo. Este error hace que aumenten las estimaciones de los costos del equipo antiguo, favoreciendo la opción de la renovación por un equipo nuevo

2. Contabilizar los **costos indirectos** como una proporción de los costos directos, asumiéndolo sin una base de ingeniería. Lo anterior supone que, al bajar los costos directos, bajarán de igual forma, los indirectos. Este error hace que la estimación de los ahorros aparentes por la renovación, no sean tales, por lo que se tiende a favorecer la opción de la renovación por un equipo nuevo

3. En el caso que el equipo nuevo proporcione una mayor **capacidad**, comparar los costos unitarios entre ambas alternativas es un error; lo correcto es, calcular los costos reales sobre la producción esperada en ambos casos. Este

error favorecer la opción de la renovación por un equipo nuevo

De igual forma, pudiendo constatar en variados estudios de reemplazo de equipos mineros y de cambios de servicios de mantenimiento, podríamos agregar los siguientes errores en este tipo de evaluaciones de proyectos:

4. Incluir el efecto de la **inflación** en los flujos de caja. Los flujos de caja se deben realizar sin considerar la inflación, la única excepción es cuando un gasto crece más que la inflación, por lo que se debe incluir su diferencia *(Ejemplo: la inflación es de un 7% anual y los lubricantes aumentan en un 10% anual, sólo la diferencia de un 3% (10-7) es lo que se debe incluir en el flujo de caja como un monto adicional de gastos)*. De igual forma, la tasa de descuento es lo que exige la empresa a sus proyectos y este es un valor sobre la inflación. *Por ejemplo, una empresa invierte en proyectos que tengan rentabilidades sobre un 20% y este valor es por sobre la inflación del 7%, es de decir, 27%(20+7)*. Para evitar este tipo de complicaciones, es que, muy habitualmente, los flujos de caja se realizan **sin incluir la inflación**

5. No considerar el **reajuste** contractual del servicio, sino que, valores de otros contratos o un benchmarking, siendo que el documento establece su forma de reajustabilidad. *Por ejemplo, en la evaluación económica de un contrato MARC en Chile, la empresa consultora que realizó dicho estudio considera un reajuste del servicio de 8%, 3% y 4% anuales de forma alternada, siendo que el mismo contrato ha mantenido una reajustabilidad histórica de 1,5% anual*

Una forma de reajuste puede estar dada por el IPC *(Índice de precios al consumidor)* o el ICMO *(índice nominal de costos de mano de obra por hora y actividad económica del sector minería).* De común acuerdo entre las empresas, el reajuste puede estar dado por algún referente internaciones, como puede ser el PPII de código PCU3331313331319 *(Producer Price Index by Industry: Mining Machinery and Equipment Manufacturing),* publicado por el Department of Labor, Boreau of Labor Statistics, de Estados Unidos.

6. Subestimar las **inversiones** en componentes de respaldo *(Ejemplo: motor diésel, transmisión, convertidor, mandos finales, diferencial)* para las flotas de equipos mineros. *Por ejemplo, en un estudio realizado para una empresa minera en Chile, se estiman inversiones en componentes mayores de respaldo para una flota de camiones y cargadores frontales por un monto de 800 mil dólares, siendo que, a precios actualizados, el monto se eleva a 2 millones de dólares*

7. Suponer **disponibilidades** constantes en toda la vida útil del equipo. Es un proceso natural de las maquinarias que, al transcurrir el tiempo, se produzca su degradación. Para el caso de los equipos mineros, estos comienzan a tener un mayor número de fallas y, por consiguiente, se da inicio a una disminución en su disponibilidad. Por lo anterior, constituye un error el comparar el desempeño de un equipo en uso y otro nuevo, sin examinar sus diferencias en disponibilidades y sus impactos en los niveles de producción e ingreso futuros

8. Suponer que la **reparación de un componente** hace que su comportamiento en cuanto a vida útil y tasas de falla, sea igual que uno nuevo. Lo anterior, admite que la reparación fue del tipo *"perfecta"*, lo cual, en la realidad no ocurre. En general, los costos de las reparaciones de componentes mayores de flotas de equipos mineros son aproximadamente un 50% del valor del componente nuevo. Existe bastante evidencia que un componente

29

reparado, incluso realizado con el mismo fabricante del equipo (OEM), tiene una vida de servicio inferior que uno nuevo. Dado lo anterior, este supuesto error subestima los costos de mantenimiento

9. No reconocer los **términos y obligaciones contractuales** asociadas a las reparaciones y cambio de componentes de alto valor. En las cláusulas de término a un contrato, puede o no existir, la obligación de realizar los trabajos pendientes. Este hecho hace que, en caso de no existir obligatoriedad, los gastos por los trabajos pendientes, se deban adicionar a la evaluación del proyecto

Para el punto anterior, analicémoslo con la siguiente situación:

Ejemplo N° 1: Una empresa minera en Chile, ha operado por seis años un contrato MARC con el fabricante del equipo, en donde, los motores diésel de sus camiones mineros han tenido un excelente desempeño, no siendo necesario realizar ningún cambio de ellos en todo ese tiempo. El plan de cambios de componentes proyecta realizarlos en los años séptimo y octavo del contrato.

En el sexto año de vigencia del contrato, una empresa consultora propone que la mejor alternativa es dar término al contrato MARC e internalizar el servicio, "*suponiendo*" que todos los trabajos pendientes serán ejecutados a costos del fabricante (MARC). Sin embargo, el contrato **no entrega ninguna exigencia al respecto**, dado que el fabricante, en este caso, ha ofertado un servicio por disponibilidad contractual, que ha cumplido en todo el período. Advirtiendo esta situación, la empresa minera desiste de dar término al contrato y lo renueva.

ÁREAS DE OPTIMIZACIÓN EN MANTENIMIENTO

En el contexto de las empresas productivas y de servicio, el mantenimiento tiene por objetivo el **maximizar la función productiva a los mínimos costos totales**. Según esta perspectiva, es la producción lo que da sentido al proceso de mantenimiento; de igual forma, para un correcto análisis se deben considerar todos los costos de mantenimiento *(directos e indirectos)*. En este punto, es cuando comienzan a surgir las primeras dificultades en cuanto a las estimaciones de los costos totales de mantenimiento. Otra dificultad está en definir las temáticas o área de interés sobre las cuales se realizarán los procesos de optimización de ingeniería de mantenimiento y de mejora continua.

Una forma tradicional de enfrentar los procesos de mantenimiento, es comenzar a ejecutar las acciones básicas sugeridas por los fabricantes de los equipos y, a medida que se avanza en el tiempo, ir perfeccionado el proceso. Aquí comienza a producirse el conflicto entre *"detener el equipo para ejecutar una mejora y obtener beneficios futuros o, seguir operando para obtener beneficios inmediatos"*.

En cuanto a certezas en mantenimiento, se debe reconocer que los fabricantes y las áreas de mantenimiento no tienen un 100% de certeza en cuando a la *"frecuencia óptima de inspección"*. Este mismo hecho hace que constantemente, las áreas de mantenimiento estén revisando y corrigiendo sus procesos. Para apoyar estos análisis de procesos y de mejora continua, es que autores como Jardine & Tsang (2013), han propuesto modelos matemáticos de optimización del mantenimiento en las siguientes cuatro áreas que son: *reemplazo de componentes, inspecciones, reemplazo de equipos, recursos y requisitos*. A continuación se describen cada uno de ellos:

Tabla 2 Áreas de optimización en mantenimiento

Áreas de interés	Descripción de las áreas de optimización	Matemáticas utilizadas
Reemplazo de componentes	**Determinar el mejor momento para realizar un reemplazo** • *Cuando se llega a un nivel de deterioro previamente definido* • *Sólo en caso de falla* • *Intervalo de tiempo constante* • *En función de las edades* **Abastecimiento de repuestos** **Componentes reparables**	Probabilidades, estadísticas y análisis de Weibull
Inspecciones	**Frecuencia de inspección para un sistema** • Maximiza las ganancias • Maximiza la disponibilidad **Clasificación A, B, C, D de intervalos de inspección** **Búsqueda de intervalo de fallas para inspección** **Basado en condición** **Combinan el monitoreo de la condición del equipo y la edad de reemplazo**	Procesos estocásticos
Reemplazo de equipos	**Vida económica** • *Utilización constante* • *Utilización variable* • *Mejora tecnológica* **Reparar versus reemplazar**	Flujo de caja (Valor del dinero en el tiempo)
Recursos y requisitos	**Cantidad de bahías de mantenimiento y sus respectivas dotaciones** **Cantidad de técnicos** • Personal propio • Subcontratados y gestión de pick de demanda **Arrendar o comprar**	Simulación y teoría de colas

Fuente: Jardine & Tsang, 2013

CONTRATOS CON LOS FABRICANTES DE EQUIPOS

Dentro de las variadas formas de administrar y ejecutar las actividades de mantenimiento está, desde hacerlo todo uno mismo, es decir, siendo uno el dueño de los centros de reparaciones, maestranza y personal propio, o en el otro extremo, externalizar todo el proceso, quedado el dueño del equipo, sólo con las funciones de control administrativo. Las operaciones mineras en Chile, habitualmente, administran el mantenimiento con una combinación de ambas formas; por un lado, para la **reparación**, envían los componentes a centros especializados externos y administran el riesgo de fallas prematuras a través de procesos de garantía. Por su parte, en relación a los **repuestos y componentes de alto valor**, de igual forma, las empresas mineras utilizan una mezcla de ambos procesos; a veces pueden exigir contractualmente que los proveedores de las reparaciones tengan en sus bodegas componentes de respaldo a su costo y, a la vez, la empresa minera puede tener un inventario de repuestos y componentes que consideren son los más críticos para su proceso productivo. Para el **personal técnico especializado**, las empresas mineras pueden tener muchas combinaciones como se indica en la tabla siguiente:

Tabla 3 Alternativas para el personal técnico de mantenimiento

Alternativas		
Sólo personal propio	-	
Personal propio	+ externos para mantenciones preventiva	
Personal propio	+ externos para cambios de componentes	
Personal propio	+ soporte técnico externo	
Personal propio	+ externos para mantenciones preventiva	+ soporte técnico externo
Personal propio	+ externos para cambio de componentes	+ soporte técnico externo
Personal propio sólo para los equipos de producción	+ externo para el resto	
Personal propio sólo para los equipos de apoyo	+ externo para el resto	
-	Sólo personal externo	

Fuente: Elaboración propia

Para el caso de los **controles administrativos**, cuando las empresas tienen personal técnico propio ejecutando trabajos operativos, en general, también realizan las funciones de planificación, confiabilidad y supervisión; además de velar por los aspectos de seguridad de sus trabajadores. En caso de contar con un servicio de mantenimiento externalizado, pueden delegar las funciones de planificación, confiabilidad y supervisión; sin embargo, deben permanecer los controles administrativos del contrato de servicios y los controles técnicos para validar la correcta ejecución de los trabajos.

Una forma de gestión el mantenimiento es a través de un contrato con el fabricante del equipo (OEM), el cual, realiza estas tareas con su propio personal técnico y asume los riesgos de las

34

menores tiempos útiles por reparaciones de componentes que aporta al servicio. Este tipo de mantenimiento y reparación se conocen como contratos MARC, sigla que viene del inglés *"Maintenance And Repair Contrac"*. La forma de cobro de estos servicios es a través de una **tarifa fija,** que representa el equivalente al pago de los sueldos de los técnicos, accesorios y equipamiento necesario para prestar el servicio. Se suma a lo anterior, el pago de una **tarifa variable** asociada a los repuestos y componentes de alto valor que aporta y utiliza el fabricante en su ejecución.

La tarifa variable es uno de los puntos más conflictivos en los procesos de negociación de estos contratos, dado que el fabricante indica las tarifas basado en horas de operación por tramos; pero no entrega información específica de cómo se obtienen esos valores, sino que de forma genérica, indicando que están asociados a los *"gastos por repuestos y componentes de alto valor que se reemplazan bajo una cierta frecuencia de cambio, según su conocimiento y experiencia"*.

Múltiples empresas mineras se han preguntado *¿quién puede gestionar estos riesgos y gastos de mejor forma para reducirlos?* y para responderla, han realizado evaluaciones de proyectos en donde han resuelto, continuar con los contratos, modificarlos y negociarlos, asumir la responsabilidad de algunos equipos o simplemente, terminar el contrato y asumir el riesgo completo. Los resultados de estos procesos de cambio de contratos de mantenimiento han sido históricamente dispares. A continuación, mostraremos un ejemplo.

Ejemplo N° 2: Una faena minera de extracción de concentrado de Cobre en Chile, que opera en la Cordillera de los Andes con una flota de 52 camiones de 290 toneladas, decide cambiar su contrato de mantenimiento que tenía con el fabricante del equipo. Los ahorros por las modificaciones del contrato se estimaron en un 15%, sin embargo, el análisis posterior a dichas modificaciones contractuales, muestra que los gastos aumentaron en un 7%, generando una brecha presupuestaria de un 22% (Fernández, 2019).

Lo que nos muestra este ejemplo, es que en este tipo de evaluaciones debemos considerar la mayor cantidad de costos posibles, no sólo los **visibles** asociados, por ejemplo, a transacciones SAP, sino que también a los **no visibles,** asociados a pérdida de producción, faltas de inventarios y fallas prematuras.

CATEGORIZACIÓN DE MODELOS DE REEMPLAZO

En una primera etapa, en los estudios de reemplazo de equipos, se debe identificar si al realizar esta acción de *"reemplazo"*, se modifica algún parámetro, como por ejemplo la disponibilidad o el rendimiento. Si este es el caso, debemos determinar si estos influyen en la obtención de mayores ingresos para la compañía.

En el caso que las alternativas de reemplazo no impactan en los ingresos de la compañía, quiere decir que los ingresos los podemos sacar como variable de análisis y nos quedarnos solamente con los costos de las distintas alternativas. En este caso, debemos calcular el flujo de caja del proyecto y lo denominaremos **valor actual de costos** (VAC). En el caso que las alternativas de reemplazo sí impacten en los ingresos, debemos calcular el **valor actual neto** (VAN).

En el caso que los equipos tengan distintas vidas de servicio, se debe realizar un cálculo adicional que se denomina **anual equivalente**; de esta forma, proyectos de distintos períodos de tiempos o equipos de distintas vidas de servicio, pueden ser comparados correctamente. Para el caso del VAC, el paso siguiente es calcular el **costo anual equivalente** (CAE) y para el VAN se debe calcular en **valor anual equivalente** (VAE).

Para el caso que todas las alternativas de reemplazo tengan la misma vida de servicio, el cálculo de los flujos de caja del VAC o VAN es suficiente para la toma de decisiones. A pesar de lo anterior, en algunas organizaciones se realiza el cálculo del **anual equivalente (CAE o VAE)** a pesar que no modifica el resultado final de la evaluación.

Para la evaluación de los proyectos de reemplazo de equipos, a continuación, se presenta un flujograma que pretende ser una guía para determinar qué metodología de cálculo debemos utilizar.

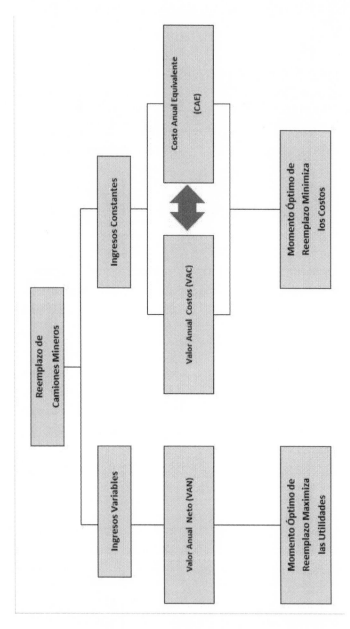

Figura 2 Flujograma para metodología de reemplazo

Fuente: Elaboración propia

38

COSTOS Y VALOR ANUAL EQUIVALENTE (CAE Y VAE)

En la literatura asociada a los estudios de reemplazo de equipos, se presenta consistentemente, el modelo matemático conocido como el costo anual equivalente (CAE), que suma todos los gastos asociados al proyecto utilizando una tasa de descuento. La **tasa de descuento** es lo que la empresa o evaluador del proyecto le exige a la inversión como retorno, sobre la cual tomará la decisión de ejecutarlo. Otra forma de decirlo, es que los proyectos de reemplazo tienen la característica de ser un flujo de caja de gastos, por lo que utiliza la misma matemática que cualquier evaluación de proyecto de inversión. Para el caso de calcular el CAE, todos los gastos se consideran con signo positivo (+) y los beneficios o ingresos con signo negativo (-). Veamos el siguiente ejemplo:

Ejemplo N° 3: En una planta de producción de jugo que utiliza una bomba que debe ser reemplazada; y se presentan dos alternativas, como se indica. Las bombas A y B tienen una vida de servicio de 3 y 4 años respectivamente, y el dueño de la empresa ha definido una tasa de descuento de un 12%. *¿Qué bomba debo comprar?*

	Año	Bomba A	Bomba B
Inversión	-	$ 40.000	$ 50.000
	1	$ 10.000	$ 8.000
Gastos	2	$ 10000	$ 8.000
operacionales	3	$ 10.000	$ 8.000
	4		$ 8.000

Respuesta:

Como primer paso, en ambas bombas calculemos su valor actual de costos (VAC) y posteriormente su CAE dado que son proyectos de inversión con duración de servicio distintas.

$$VAC_A = 40.000 + \frac{10.000}{(1 + 0,12)^1} + \frac{10.000}{(1 + 0,12)^2} + \frac{10.000}{(1 + 0,12)^3}$$

$$VAC_A = 40.000 + \frac{10.000}{1,12} + \frac{10.000}{1,2544} + \frac{10.000}{1,404928}$$

$$VAC_A = 40.000 + 8.928{,}571 + 7.971{,}938 + 7.117{,}802$$

$$\mathbf{VAC_A = 64.018,311}$$

$$VAC_B = 50.000 + \frac{8.000}{(1 + 0.12)^1} + \frac{8.000}{(1 + 0.12)^2} + \frac{8.000}{(1 + 0.12)^3} + \frac{8.000}{(1 + 0.12)^4}$$

$$VAC_B = 50.000 + \frac{8.000}{1,12} + \frac{8.000}{1,2544} + \frac{8.000}{1,404928} + \frac{8.000}{1,57351936}$$

$$VAC_B = 50.000 + 7.142{,}857 + 6.377{,}551 + 5.694{,}241 + 5.084{,}144$$

$$\mathbf{VAC_B = 74.298,793}$$

Una primera respuesta, pero errada, sería seleccionar la bomba A, dado que $VAC_A < VAC_B$, sin embargo, esta comparación no se puede realizar porque los proyectos están evaluados a distintos períodos. Ahora surge la pregunta *¿Cómo salvamos esta situación?* Lo correcto, para comparar proyectos de distintos períodos, es transformarlos en un costos anual equivalente (CAE). De esta forma, el valor obtenido está en un equivalente a un año, pueden ser comparadas. Para realizar esta conversión, está lo que se conoce como el **factor de recuperación del capital** (FRC), que depende de la tasa de descuento y el número de años del proyecto.

Continuando con el ejemplo anterior obtenemos lo siguientes:

$$CAE_A = 64.018{,}311 \times \left[\frac{(1 + 0,12)^3 \times 0,12}{(1 + 0,12)^3 - 1}\right]$$

$$CAE_A = 64.018{,}311 \times \left[\frac{1{,}404928 \times 0{,}12}{1{,}404928 - 1}\right]$$

$$CAE_A = 64.018{,}311 \times [0{,}416] = 26.631{,}617 \text{ (Costo equivalente)}$$

$$CAE_B = 74.298{,}793 \times \left[\frac{(1 + 0{,}12)^4 \times 0{,}12}{(1 + 0{,}12)^4 - 1}\right]$$

$$CAE_B = 74.298{,}793 \times \left[\frac{1{,}57351936 \times 0{,}12}{1{,}57351936 - 1}\right]$$

$$CAE_B = 74.298{,}793 \times [0{,}329] = 24.444{,}309 \text{ (Costo equivalente)}$$

Ahora, sí podemos realizar una comparación de los resultados, y se aprecia que $CAE_A > CAE_B$ por lo que resulta más económico realizar la compra de la bomba B. Otra forma de decirlo, es que, si hubiéramos utilizado el criterio del VAC y seleccionado la bomba A, tendremos un **mayor gasto** de un 8,9% $\left[\sim \frac{(26.631 - 24.444)}{24.444}\right]$ respecto a la bomba B.

Ahora bien, detrás del desarrollo de este ejercicio está implícito el hecho que *"ninguna de las alternativas de bombas A o B nos hace obtener mayores ingresos o beneficios"*, pero qué pasa si lo anterior no es necesariamente cierto. Estas bombas podrían tener **distintas disponibilidades** lo que permitiría obtener más horas de producción y por consiguiente más *"cajas de jugo"* disponibles al mercado para su venta. Otra opción, es que las bombas A y B tengan distintos **rendimientos** *"litros de jugo impulsado por unidad de tiempo"*, los que podrían estar coligados a diferencias en sus capacidades o velocidades de funcionamiento, que permitirían finalmente aumentar la producción. Desarrollemos el siguiente ejemplo:

Ejemplo N° 4: La misma fábrica del ejercicio anterior, ahora sabemos que trabaja las 24 horas al día y su tiempo de producción estándar es $Tu = 350 \left[\frac{días}{año}\right]$. La capacidad nominal de producción de la planta es de $PPn = 1.000 \left[\frac{unidades}{día}\right]$. Para el ejercicio se considerará que la disponibilidad operacional estándar de la planta es de $As = 99,0\%$ y la disponibilidad operativa actual Ao, será igual a la de la bomba que se instale. El precio de venta de las cajas de jugo es de $P = 0,99 \left[\frac{dólares}{unidad}\right]$ y los costos variables de producción son de $cv = 0,50 \left[\frac{dólares}{unidad}\right]$.

Tabla 4 Información operacional de planta de jugos (Ejemplo N° 4)

Año	P-cv $\left[\frac{dolares}{unidad}\right]$	Tu $\times PPn$ $\left[\frac{dias}{año}\right]$	Planta As	Bba. A Ao	Bba. B Ao	Bba. A As-Ao	Bba. B As-Ao
1	0,49	350 mil	99%	99%	99%	0%	0%
2	0,49	350 mil	99%	98%	97%	1%	2%
3	0,49	350 mil	99%	97%	95%	2%	4%
4	0,49	350 mil	99%	-	93%		6%

Fuente: Elaboración propia

Respuesta:

Como primer paso, para ambas bombas calculemos su valor actual neto (VAN). Con la información entregada, podemos obtener las distintas **ganancias** *(precio de venta menos los costos variables)* que se tendrá con la instalación de la bomba A o B.

42

Tabla 5 Ingresos por ventas caso bomba A o B (Ejemplo N° 4)

Equipo	Año			
	1	2	3	4
Bba A	169.785	168.070	166.355	-
Bba. B	169.785	166.355	162.925	159.495

Fuente: Elaboración propia

Caso: Bomba A

$$VAN_A = -40.000 - \frac{10.000 - 169.785}{(1 + 0,12)^1} - \frac{10.000 - 168.070}{(1 + 0,12)^2} - \frac{10.000 - 166.355}{(1 + 0,12)^3}$$

$$VAN_A = -40.000 - \frac{10.000 - 169.785}{1,12} - \frac{10.000 - 168.355}{1,2544} - \frac{10.000 - 166.355}{1,404928}$$

$$VAN_A = -40.000 + 142.665 + 126.239 + 111.290 = +340.194$$

$VAN_A = 340.194$ (Ganancias)

De igual forma que el ejercicio anterior, debemos anualizar los gastos para poder compararlos, pero en este caso es el valor anual equivalente (VAE).

$$VAE_A = +340.194 \times \left[\frac{(1 + 0,12)^3 \times 0,12}{(1 + 0,12)^3 - 1} \right]$$

$$VAE_A = +340.194 \times \left[\frac{1,404928 \times 0,12}{1,404928 - 1} \right]$$

$VAE_A = +340.194 \times [0,416] = 141.520$ (Ganancias equivalentes anuales)

43

Caso: <u>Bomba B</u>

$$VAN_B = -50.000 - \frac{8.000 - 169.785}{(1 + 0.12)^1} - \frac{8.000 - 166.355}{(1 + 0.12)^2} - \frac{8.000 - 162.925}{(1 + 0.12)^3} - \frac{8.000 - 159.495}{(1 + 0.12)^4}$$

$$VAN_B = -50.000 + \frac{161.785}{1,12} + \frac{158.355}{1,2544} + \frac{154.925}{1,404928} + \frac{151.495}{1,57351936}$$

$$VAN_B = -50.000 + 144.450 + 126.239 + 107.966 + 96.277 = +424.932$$

$$\mathbf{VAN_B = +424.932 \text{ (Ganancias)}}$$

Nuevamente, de igual forma que en el ejercicio anterior, debemos anualizar los gastos para poder compararlos

$$VAE_B = +424.932 \times \left[\frac{(1 + 0,12)^4 \times 0,12}{(1 + 0,12)^4 - 1} \right]$$

$$VAE_B = +424.932 \times \left[\frac{1,57351936 \times 0,12}{1,57351936 - 1} \right]$$

$$\mathbf{VAE_B = +424.932 \times [0,329] = 139.802 \text{ (Ganancias equivalentes anuales)}}$$

Ahora, sí que podemos realizar una comparación de los resultados y veámoslo en términos de ganancia. La bomba A nos permite obtener una ganancia equivalente anual de 141.520 y la bomba B de 139.803, por lo anterior, la opción más favorable económicamente es realizar la compra de la bomba A. Otra forma de decirlo, es que, al seleccionar la bomba B, tendremos un **menor margen de ganancia** de un 1,2% $\left[\sim \frac{(141.520 - 139.803)}{141.520} \right]$ respecto a la bomba A.

44

De los dos ejemplos previos, vemos que los resultados difieren, ya que, en un caso sólo minimizas los costos, siendo la mejor alternativa la Bomba B, y en el otro, maximizamos las utilidades, donde la mejor es la Bomba A.

El realizar un análisis de reemplazo de equipos, asociado sólo a minimizar los costos, tiene sus ventajas, dado que su metodología de cálculo es relativamente sencilla, en contraposición a los cálculos que se deben realizar para obtener los ingresos.

GASTOS DEL PASADO Y SU AJUSTE POR INFLACIÓN

En mantenimiento, es habitual utilizar información de referencia del pasado para realizar proyecciones. Uno supone que, de alguna forma, el comportamiento de los equipos en cuanto a disponibilidades y costos se repetirán, sin embargo, esto no es necesariamente cierto debido a los avances tecnológicos en los sistemas de control electrónico y en las técnicas de monitoreo de la condición, lo que ayuda a un mejor desempeño de los equipos. Teniendo en cuenta esta consideración y la falta de información certera para la realización de proyecciones, es que los profesionales de las áreas de mantenimiento, de igual forma, incorporan esta información a los procesos de evaluación y toma de decisiones. Profundizaremos en este tema a través del siguiente ejemplo:

__Ejemplo N° 5__: En el año 1981, una faena minera del norte chico en Chile, realiza la adquisición de un camión minero de 180 toneladas a un valor de 1.523.000 dólares y queremos estimar su valor al año 2012. *¿Cómo lo podría hacer?* Una opción es solicitar directamente la información al fabricante, sin embargo, en ocasiones, este tipo de cotizaciones formales no pueden ser solicitadas ya que el proyecto de su adquisición está en etapas muy tempranas del proceso de evaluación. Una solución aproximada es actualizar el monto del año 1981 al año 2012, a través de un ajuste por inflación.

Como es sabido que muchas de las maquinarias mineras son fabricadas en Estados Unidos, se propone que esta actualización del precio se realice en función de la inflación de ese país. Uno de los indicadores de inflación que se podría utilizar es el referido al sector industrial de fabricación de maquinarias y equipos mineros, el cual, la FED *(Reserva Federal de los Estaos Unidos)* lo tiene definido por el código PCU3331313331319. Este índice de inflación tiene base 100 en el año 1981 y se calcula semestralmente. En la siguiente tabla se muestra su evolución.

Tabla 6 Proyección del precio de camión de 180 ton. (Ejemplo N° 5)

Año	Índice PCU3331313331319	Precio Camión 180 ton. [USD]
1980	100,0	1.523.000 (real)
1981	104,9	
1982	109,0	
1983	107,9	
...		
2010	216,2	
2011	217,8	
2012	240,6	1.523.000 x 2,406 = 3.664.338 (proyectado)

Fuente: Elaboración propia

Pero, *¿Qué tan certera es esta proyección?*, lo que podemos indicar es que para el año 2012 se obtuvo una cotización oficial a un precio de 3.553.000 dólares, lo que difiere con la proyección en un 3%, lo que se puede considerar como *"muy certero"*. Sin embargo, esto no necesariamente se cumple siempre, como veremos en el ejemplo siguiente.

Ejemplo N° 6: En el año 2012, otra faena minera, ahora de la zona central de Chile, obtiene una cotización oficial por un camión minero de 180 toneladas a un valor de 3.553.000 dólares. En el año 2020, la misma empresa minera vuelve a solicitar una nueva cotización por 10 unidades de camiones *¿Cuál sería el valor del equipo en el año 2020?*

Para responder la pregunta, utilizaremos la misma metodología del ejercicio anterior.

Tabla 7 Proyección del precio de camión de 180 ton. (Ejemplo N° 6)

Año	Índice PCU3331313331319	Incremento	Precio Camión 180 ton. [USD]
2012	240,6	Base	3.553.000 (real)
2013	240,7	+ 0,04%	
2014	242,6	+ 0,83%	
2015	247,5	+ 2,86%	
...			
2018	255,0	+ 5,98%	
2019	263,8	+ 9,64%	
2020	266,1	+ 10,59%	3.553.000 x 1,1059 = 3.929.267 (proyectado)

Fuente: Elaboración propia

El valor de cotización unitario por comprar 10 camiones de 180 toneladas fue de 2.860.000 dólares (año 2020), lo que difiere considerablemente con el valor proyectado. Algunas explicaciones, sin tener la información certera para poder verificarlas, podría estar en los siguientes puntos: *descuentos por volumen, convenio para ser el proveedor exclusivo, con lo que se obtiene un descuento adicional; equipos disponibles o "sobrantes" producto de una menor demanda, los cuales se quieren vender prontamente o liquidar.*

Visto lo anterior, podemos decir que, si bien la actualización de los costos a través de la inflación es un método utilizado comúnmente ante la falta de información, se debe tener presente que esta metodología puede presentar diferencias importantes con la realidad.

CAMIONES MINEROS

INTRODUCCIÓN

Por sus dimensiones, los camiones mineros son uno de los equipos más llamativos del sector industrial y, en particular, por sus neumáticos de 4 metros de diámetro, sin embargo, su tamaño no ha sido siempre así. En los años 1950s la capacidad de carga de los camiones mineros era de 35 toneladas, equivalente a los que vemos actualmente en carretas y ciudades.

A contar de los años 1950s y producto de los avances tecnológicos, se ha ido incrementando su tamaño hasta llegar en la actualidad a camiones, como los Komatsu 980E-5, con capacidad de transporte de carga de 363 toneladas métricas que, sumadas a las 617 toneladas de tara nos da un peso total de aproximadamente 980 toneladas, que es lo que da origen al nombre de la serie de equipo 980 (Komatsu, 2019).

Figura 3 Evolución de la capacidad de carga de camiones mineros

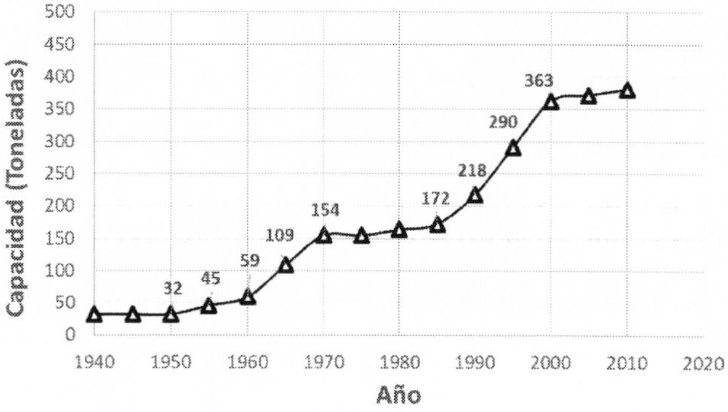

Fuente: Adaptado de Knights & Franklin y Khazin & Xaenh, 2021

Este aumento en el tamaño de los camiones ha traído como consecuencia, un aumento en su precio y los costos de mantenimiento y operación; sin embargo, lo anterior ha sido compensado con creces al aumentar las capacidades de transporte de material, lo que ha permitido que los costos por tonelada transportada disminuyan con cada salto en las capacidades.

En la tabla siguiente, se ejemplifica, cómo estos aumentos de capacidades de transporte han impactado favorablemente en los costos por tonelada trasportada. Estas disminuciones en los costos operacionales han permitido que proyectos mineros de bajas leyes, se hagan factibles de ser explotados de forma rentable.

Tabla 8 Costos operacionales para camiones mineros

Capacidad de carga	Ton.	56	63	91	136	177	227	363
Costos 0&M	MUSD	872	925	1.050	1.315	1.570	1.892	2.778
Costo operacional	$\frac{USD}{Ton}$	0,98	1,01	0,86	0,77	0,68	0,62	0,60
Valor del Equipo	Millones USD	1,2	1,6	2,2	2,8	3,5	4,2	5,0

Fuente: Adaptado de Knights & Franklin

En la actualidad, los avances en los camiones mineros están dados, más que su tamaño, por otros aspectos tales como:

- *Disminución de las emisiones a la atmosférica*
- *Disminución del consumo de combustible*
- *Mejores sistemas de control electrónico y de comunicación entre sus componentes internos*
- *Mejores aspectos de seguridad y de advertencia al operador del equipo*
- *Desarrollo de tecnología en camiones autónomos*

- *Incorporación de sistema de trolley, permitiendo que el camión entregue energía eléctrica a una red*
- *Incorporación del hidrógeno como combustibles en reemplazo de los motores de combustión interna*

A continuación, se presenta una tabla con los fabricantes de equipos, sus modelos y capacidades de carga.

Tabla 9 Modelos y capacidades de carga para camiones (parte 1)

Marca	Modelo	Capacidad [Ton.]	Potencia [HP]
Menos de 40 toneladas de capacidad de carga			
Terex	TR35	32	400
Terex	TR40	36	525
Caterpillar	769D	36	518
Hitachi	EH700-2	38	525
Entre 40 y 50 toneladas de capacidad de carga			
Hitachi	EH750-2	40	525
Caterpillar	771D	41	518
Terex	TR45	41	525
Komatsu	HD325-6	43	508
Entre 50 y 75 toneladas de capacidad de carga			
Caterpillar	773E	54	710
Terex	TR60	54	650
Komatsu	HD465-7	60	739
Hitachi	EH1000	60	700
Komatsu	HD605-7	64	739
Caterpillar	775E	65	760
Terex	TR70	65	760
Hitachi	EH1100	65	760
Entre 75 y 105 toneladas de capacidad de carga			
Hitachi	EH1600	90	1.050
Terex	TR100	91	1.050
Caterpillar	777D	96	1.000
Komatsu	HD785-5	96	1.082
Hitachi	EH1700	96	1.200
Entre 105 y 140 toneladas de capacidad de carga			
Terex	MT3000	108	1.205
Terex	MT3300-AC	136	1.875
Entre 140 y 170 toneladas de capacidad de carga			
Komatsu	HD1500-5	146	1.486
Caterpillar	785C	150	1.450
Hitachi	EH3000	157	1.800

Fuente: Aggregates Manager Magazine, january 2006 & Spec-check

Tabla 10 Modelos y capacidades de carga para camiones (parte 2)

Marca	Modelo	Capacidad [Ton.]	Potencia [HP]
Entre 170 y 200 toneladas de capacidad de carga			
Terex	MT3600B	172	2.025
Liebherr	T252	183	2.025
Komatsu	730E	184	2.000
Terex	MT3700-AC	186	2.025
Terex	MT3700B	186	2.025
Caterpillar	789C	192	1.900
Hitachi	EH3500	193	2.000
Entre 200 y 275 toneladas de capacidad de carga			
Terex	MT4400-AC	217	2.700
Caterpillar	793C-XQ	225	2.294
Komatsu	830E	228	2.500
Hitachi	EH400	228	2.500
Terex	MT4400	230	2.500
Caterpillar	793D	230	2.415
Liebherr	T262	233	2.500
Caterpillar	793C w/HD engine	237	2.300
Sobre 275 toneladas de capacidad de carga			
Hitachi	EH4500-2	282	2.700
Komatsu	930E-3	291	2.700
Komatsu	930E-3SE	291	3.500
Hitachi	EH500	314	2.700
Terex	MT5500	325	2.700
Terex	MT5500B	326	3.500
Caterpillar	797B	346	3.550
Liebherr	T282B	363	3.650
Komatsu	980E-4	363	-

Fuente: Aggregates Manager Magazine, january 2006 & Spec-check

CAMIONES MECÁNICOS Y ELÉCTRICOS

El transporte de material desde los sectores de tronadura hasta el chancado primario o botadero, se realiza, en la mayoría de los casos, con camiones mineros de alto tonelaje, los cuales se agrupan en dos grandes categorías: los de funcionamiento mecánico y los eléctricos. Sus diferencias se centran, básicamente, en el sistema de propulsión; por un lado, los **camiones mecánicos** transmiten la energía de movimiento a las ruedas a través de componentes mecánicos conectados físicamente entre ellos, en cambio, los **camiones eléctricos** utilizan precisamente, energía eléctrica para inducir un campo magnético que produce la tracción del equipo; de igual forma, y como consecuencia de lo anterior, los sistemas de control difieren sustancialmente. En los demás componentes, los equipos son idénticos.

A continuación, en la tabla siguiente se identifican estas diferencias y similitudes.

Tabla 11 Tabla comparativa entre camiones mecánicos y eléctricos

Sistema	Componente	Camión Mecánico	Camión Eléctrico
Sistema de propulsión	Motor Diésel	SI	SI
	Transmisión	SI	No
	Convertidor	SI	No
	Diferencial	SI	No
	Mando Final	SI	No
	Alternador principal	No	SI
	Motor de tracción	No	SI
Sistema de control	Gabinete de control	No	SI
	Banco de parrilla	No	SI
Otros sistemas del equipo	Cilindro de levante de tolva	SI	SI
	Cilindro de dirección	SI	SI
	Conjunto masa y suspensión delantera	SI	SI
	Estanque combustible	SI	SI
	Estanque aceite hidráulico	SI	SI
	Radiador	SI	SI
	Sistema contra incendio	SI	SI
	Sistema engrase automático	SI	SI
Estructura	Tolva	SI	SI

Fuente: Elaboración propia

Los fabricantes de equipos Caterpillar y Komatsu tienen establecida una forma estructurada para especificar los sistemas, subsistemas y componentes de sus equipos *(tabla anterior)*, con el propósito de ordenar toda su información; es así como, para los consumos de repuestos e intervenciones correctivas, se debe utilizar esta estructura para registrar los trabajos realizados y los repuestos utilizados. Durante años, Komatsu lideró el mercado de camiones eléctricos, lo que Caterpillar no había contemplado, sin embargo, la marca estadounidense ha entrado con fuerza en el mercado de camiones eléctricos y autónomos, por lo que se espera que esta rivalidad traiga un gran dinamismo al mercado.

MERCADO DE CAMIONES MINEROS EN CHILE

El mercado chileno de camiones mineros está dominado casi exclusivamente por las marcas Caterpillar y Komatsu. Ambos tienen servicio de soporte al mantenimiento con personal técnico, ventas de repuestos y componentes de respaldo para soportar el funcionamiento de los equipos. Hasta hace algunos años, el mercado de los camiones mineros eléctricos ha sido dominado exclusivamente por Komatsu, sin embargo, en los últimos años, Caterpillar ha entrado al mercado con camiones eléctricos, pretendiendo, de alguna forma, competir en este segmento.

Todos los años, la Corporación Chilena del Cobre (Cochilco) realiza un informe de los insumos estratégicos para la minería, en el cual se incluyen los camiones mineros. En la tabla siguiente se muestra el detalle de esta información. Con respecto a la adquisición de estos camiones, se puede decir que los más demandados en los últimos 14 años han sido los modelos Caterpillar 793 (Mecánico) y Komatsu 930E (Eléctrico) y han aumentado su precio en un 82% y 60%, respectivamente.

La competencia entre ambas empresas continuará en el ámbito de los camiones autónomo y en el uso de hidrógeno para la disminución de las emisiones contaminantes.

Tabla 12 Importación de camiones mineros en Chile

Modelo	Total	2005	2006	2007	2008	2009	2010	2011	2012	2013	2014	2015	2016	2017	2018	2019	2020
Cat 793	300	31	11	8	26	2	19	35	51	40	2	5	-	2	35	29	4
Cat 794	18														4		14
Cat 795	13							4	9								
Cat 797	177	3	12	13	37	28	28	23	11	8	7	-	3	1	3	-	-
Cat 798	2																2
Kom 830E	150	24	7	8	13	5	11	20	20	23	2	-	-	4	11	2	-
Kom 930E	485	17	38	37	34	31	46	27	85	46	48	14	12	28	3	11	8
Kom 930E	46				2	3			16		20	5					
Kom 980E	43													2	7	9	25
Total	1.234	75	68	66	112	69	104	109	192	117	79	24	15	37	63	51	53

Fuente: Cochilco (2020)

COSTOS DE OPERACIÓN Y MANTENIMIENTO

Los costos de operación y mantenimiento (O&M) pueden ser clasificados de variadas maneras, una de ellas considera que existen costos extraordinarios y costos habituales. Los **costos extraordinarios**, en general, están asociados a lo que se conoce en la industria minera como overhaul o reacondicionamiento, que consiste en proyectos de inversión (CAPEX) donde se ejecutan innumerables tareas de mantenimiento y reparaciones de componentes mayores y menores, que requieren semanas de trabajo, decenas de técnicos y variadas empresas para su ejecución. Este tipo de trabajos se gestionan a través de cartas Gantt y curvas "S" para su control y seguimiento de los avances, teniendo por objetivo principal, dar una vida útil adicional al activo.

Figura 4 Clasificación de costos de mantenimiento

Fuente: Macchi, 2017

Por ejemplo, una empresa minera en Chile utilizó una flota de camiones mineros por veinte años, en vez de darlos de baja, realizó un proyecto de overhaul (CAPEX) para que todos sus componentes fueran completamente desarmados y reacondicionados, hasta su chasis. Esta reparación fue por una fracción del valor de un equipo nuevo, para que después de tres meses de ejecución, fuese entregado a la operación, esperando una vida útil adicional de diez años.

Los costos de nuestro interés, van a ser, en este caso, los denominados **costos habituales de O&M**, los cuales se dividen en visibles y ocultos. Para los costos visibles se contemplan dos categorías como son los costos directos e indirectos. En la siguiente figura se muestra su desglose.

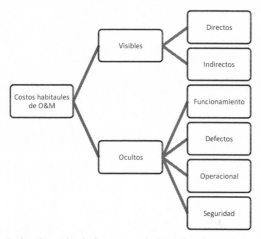

Figura 2 Clasificación de los costos habituales de mantenimiento

Fuente: Macchi, 2017

Los **costos visibles directos** se refieren a gastos por repuestos y componentes, pero también al personal directamente involucrado en la ejecución de las tareas de mantenimiento, además de todos los servicios directos *(análisis de muestra de lubricantes, mediciones de vibraciones)* y gastos asociados a la ejecución de las tareas y el consumo de lubricantes. Es decir, todo lo que se puede asociar a una transacción contable y asignar como gasto directo a una tarea de mantenimiento del equipo.

Los **costos visibles indirectos** son los gastos en personal que no están asignados directamente a las labores de mantenimiento, como el personal de conservación de las instalaciones, administración de bodegas, de ingeniería y trasporte logístico, y otros como el consumo de energía eléctrica o el uso de aire comprimido. De igual forma, se incluyen aquí los costos de conservación de los inventarios, servicios de apoyo técnico y administración del software de mantenimiento (Macchi, 2017). Es decir, en los costos visibles indirectos está todo lo que se puede asociar a una transacción contable, pero se utiliza un criterio de distribución de sus gastos a cada tarea o equipo.

COSTO DE SERVICIO MARC PARA CAMIONES MINEROS

Los contratos de servicios de mantenimiento y reparación tipo MARC son ofrecidos preferentemente por los fabricantes de los equipos *(Caterpillar, Komatsu)* quienes entregan personal técnico especializado para la atención de los equipos durante el proceso productivo *(costo fijo)* y hacerse cargo de las reparaciones de los componentes del cliente a cambio de una tarifa variable por tramos de horas de operación del equipo *(costo variable)*. En este tipo de contratos, los riesgos de variaciones considerables en los gastos son reducidos y transferidos al fabricante, por el cual, éste cobra una tarifa variable escalonada, por tramos, convenida contractualmente. Los riesgos por aumentos de costos asociados a los **repuestos y componentes** incluidos en la tarifa variables, están dados por los siguientes hechos, que para un servicio MARC, son asumidos por el fabricante del equipo:

- *Defectos de fábrica que aparezcan fuera del período de garantía*
- *Menores vidas útiles de componentes*
- *Obsolescencia, deterioro o mermas de repuestos en bodega*
- *Daños inducidos por el mantenimiento (ej.: componente mal instalado)*

El fabricante, considerando estos riesgos y los costos por las reparaciones de los componentes, define una tarifa variable para el cliente como retribución. A continuación, se presentan valores de referencia del costo variable MARC para distintos modelos de camiones:

Tabla 13 Tarifa MARC camiones eléctricos

Tramos [hrs]	Camión	Camión	Camión
	~ 180 ton	~ 225 ton	~ 290 ton
0 a 6.000	1,21	20,75	32,3
6.001 a 12.000	54,78	38,39	81,6
12.001 a 18.000	96,80	65,11	185,8
18.001 a 24.000	64,88	80,73	118,5
24.001 a 30.000	65,14	80,73	160,2
30.001 a 36.000	133,05	80,73	139,2
36.001 a 42.000	23,49	139,64	88,1
42.001 a 48.000	84,86	55,26	216,4
48.001 a 54.000	113,96	83,94	94,00
54.001 a 60.000	66,23	134,77	154,6
Promedio	**70,44**	**78,01**	**127,07**

Fuente: Adaptado de López (2016), Li & Mescua (2016), Fernández (2019)

Si bien, un contrato de servicio MARC aparenta ser un modelo sencillo de gestionar, si tenemos en cuenta que la calidad del servicio y sus reparaciones pudieran ser deficientes y las exclusiones contractuales de una gran magnitud, en la práctica, no lo es. De igual forma, es esperable que el fabricante del equipo no se haga responsables de acciones que están fuera de su alcance, como son **gastos** por accidentes, mala operación del equipo y **tiempos** asociados a la falta de servicio por huelgas, obstrucciones de paso a la operación minera, aluviones o inundaciones. Las tareas que son excluidas en cuanto a gastos y tiempos, son las que están afectadas directamente por las condiciones en las que se efectúan las operaciones mineras, de las cuales, el fabricante no tiene injerencia, como es el caso del nivel de polución, la dureza y agresividad del mineral. A continuación, se presenta un listado típico de los servicios excluidos en un contrato MARC. Es altamente probable que el mismo personal técnico del fabricante del equipo ejecute las tareas asociadas a tiempos excluidos, por ejemplo, los cambios de GET o reparaciones por un accidente, pero estos servicios, al no estar incluidos en la tarifa variable, son cobrados como **otros gastos fuera del contrato MARC.**

Tabla 14 Listado de excluidos para tiempos y gastos

N°	Descripción	Excluidos	
		Tiempo	Gastos
1	Accidentes operacionales o mala operación	Si	Si
2	Mal uso, abuso, negligencia, práctica operacional sub-estándar o deficientes	Si	Si
3	Cambio de vidrios y espejos por accidentes o mala operación	Si	Si
4	Trabajos de soldadura, corte de pernos y trabajos de maestranza	Si	Si
5	Trabajos de calderería, estructurales, reparación de fisuras en tolvas, baldes, hojas de dozer/ torre, mástil, bastidor	Si	Si
6	Cambios de GET como: cuchillos, cantoneras, calzas, puntas, puntas de ripper, protectores, entre dientes, patín flotante	Si	Si
7	Cambio de elementos de rodado como cadenas, zapatas, bastidores, rodillos, centralizadores, guarda carriles	Si	Si
8	Tiempos asociados a mejoras en sistemas o trabajos especiales que sean solicitados por la empresa mandante	Si	Si

Fuente: Elaboración propia

Existe otra categoría de tareas de mantenimiento, que generan sólo indisponibilidades y no costos directos y, en estos casos, la empresa prestadora del servicio no tiene ninguna responsabilidad. Algunas de estas tareas son las siguientes:

Tabla 15 Listado de excluidos sólo para tiempos

N°	Descripción	Excluidos	
		Tiempo	Gastos
1	Evacuación por tronadura cuando afecta a equipos que están siendo atendidos por mantenimiento	Si	No aplica
2	Rellenos de combustible	Si	
3	Rellenos de agua en sistemas de riego o sistema de perforación	Si	
4	Espera de operador para pruebas y ajustes	Si	
5	Tiempos de espera por traslados a taller	Si	
6	Intervenciones por atenciones de neumáticos, incluyendo el tiempo asociado al proceso de retorque y rodaje hasta entregarlo 100% disponible a la operación minera	Si	
7	Descarga de datos de computadores de los equipos (PLM, VHMS, VIMS)	Si	
8	Tiempos de espera por componentes cuando éstos son aportes del cliente (rodado, tolva, pantógrafo, balde, hojas de empuje, estanques)	Si	
9	Tiempos de mantención o reparaciones, tales como: intervenciones a rodado, reparaciones mayores, calderería, reparaciones estructurales y accidentes	Si	
10	Cuando ocurran detenciones imprevistas simultáneas, adicionales a las actividades programadas, se priorizará intervención relevante quedando una de ellas en espera de recursos de personal con cargo de tiempo a la empresa minera	Si	
11	Tiempos asociados a la instalación de vidrios	Si	
12	Tiempos asociados a mantenimiento de sistemas contra incendio	Si	
13	Tiempos asociados a mantención de aire acondicionado, sistema de calefacción, aseo o limpieza de cabina	Si	
14	Tiempos asociadas a relleno de lubricantes	Si	

Fuente: Elaboración propia

COSTOS OCULTOS O PÉRDIDAS DE PRODUCCIÓN

Los **costos ocultos** están asociados a distintos tipos de pérdidas, en donde su complicación para determinarlos radica en que se requiere modelar la dinámica del proceso productivo, incluyendo supuestos y estimaciones. Estas pérdidas generan un sobregasto, pero no están registradas en una transacción contable en la empresa; por ejemplo, las pérdidas de producción por falta de continuidad operacional e indisponibilidades por la compra de un repuesto que falla por su baja calidad. Estas pérdidas, en algunas ocasiones, no son dimensionadas e incluidas como gastos en las evaluaciones de proyectos de mantenimiento, haciendo que, varios de estos proyectos puedan pasar de ser económicamente factibles (VAN positivo) a inviables o riesgosos (VAN negativo). Estos **costos ocultos** se pueden dividir en cuatro categorías, las cuales se explican en detalle en la tabla siguiente:

Tabla 2 Descripción de los distintos costos ocultos

Categoría	Descripción
Fallas en la funcionalidad del equipo	**Pérdidas por la falta de servicio debido a la falla del equipo** • Valor de la pérdida en la producción de la empresa en caso de ser un equipo de producción • Valor de la falta de servicio en caso de una empresa prestadora externa • Costos de las horas de inactividad del personal que está al servicio de la producción (*en caso de que no puedan ser redirigidos a un trabajo diferente*)
Defectos de producción o de calidad del servicio	**Pérdidas o aumentos de gastos por una deficiente calidad del servicio o por gestión de los defectos** • Costos internos (*costos de los procedimientos de control de calidad para determinar la producción defectuosa o el costo del producto en caso de desechos o costos de reprocesamiento*) • Costos externos (*costos de reparaciones o reemplazo bajo garantía o costos de responsabilidad sobre el producto*) Para el caso de las empresas de servicios, los costos de calidad por defectos que se deben a fallas en los equipos son: • Valor de la disminución en el nivel de servicio • Costos por penalización Además, en ambos casos existe una pérdida de imagen
Ineficiencia operacional	**Pérdidas o aumentos de gastos ocasionadas por una menor eficacia** • Energía, materias primas o cualquier fuente consumida por el equipo debido a su menor eficacia, en comparación con el nivel objetivo, que alcanzaría bajo buenas condiciones de mantenimiento
Falta de seguridad	**Pérdida o aumentos de gastos por falta de seguridad en las personas, equipos; y todas sus consecuencias alrededor** • Costos de seguros, Pérdida de imagen corporativa, Costos de lesiones a las personas, Daños a la propiedad, Costos legales para la defensa, Costos de investigación para establecer las causas de los accidentes, Costos de la toma de medidas para evitar la ocurrencia de los incidentes

Fuente: Adaptado de Macchi (2017)

En general, en el proceso de extracción de material con equipos de carguío y transporte en camiones mineros, no se producen pérdidas por **defectos de producción**, dado que la obtención de cátodos o concentrado de Cobre, por ejemplo, ocurre en las etapas posteriores en el proceso productivo.

De igual forma, las **pérdidas por menor eficiencia,** casi no se dan, porque los camiones mineros entran a circuitos de producción con sus tiempos sincronizados, en donde, la falta de eficiencia de un equipo entorpece todo el proceso y termina siendo retirados y dejado fuera de servicio por ese hecho. Por ejemplo, para un equipo de carguío que ejecuta su función en 45 segundos *(cargar un camión minero con 5 baldadas),* y en el caso de instalar una bomba hidráulica que haga que su tiempo de trabajo aumente a 70 segundos *(menor eficiencia),* éste hecho atrasará todo el proceso y operativamente se prefiere, dejarlo fuera de servicio. Otro ejemplo, sería el caso de una reparación a un motor diésel que haga que la velocidad de transporte del camión minero baje en 2 kilómetros por hora, pero esto hace, según la sincronización de los circuitos de transporte, que se produzca un atraso en el ciclo de transporte completo, y operativamente se prefiere, dejarlo fuera de servicio.

Las pérdidas por **falta de seguridad** son gestionadas permanentemente por las empresas dadas las implicancias legales, civiles y penales que ello conlleva, por la ocurrencia de accidentes graves o fatales. De igual forma, existe personal permanente en las empresas que se ocupan de los temas de la seguridad laboral y cuidado del medio ambiente.

En el sector industrial de la minería y el proceso en el cual está inserta la operación de los camiones mineros, vemos que los **costos ocultos** están concentrados básicamente en las pérdidas de producción, por la merma en el movimiento de material de la mina a consecuencia de los **tiempos de inactividad (downtime)** de la flota de camiones o equipos de carguío. Esta merma, hace que no se procese el material tronado que contiene el mineral valioso. Es así como, en el contexto de la evaluación de los proyectos de reemplazo de camiones mineros, es que se considerará que los **costos ocultos son aproximadamente iguales a los costos de pérdidas de producción por la falta de movimiento de material**.

Las dificultades para estimar estos costos ocultos o de pérdidas de producción, está presente en todos los sectores industriales. En investigaciones reciente de Holgado & Macchi & Evans (2020) han realizado un estudio en 9 empresas manufactureras europeas de varios sectores industriales, explorando sus procesos de mantenimiento y las pérdidas más significativas que ellos mencionan a través de una serie de entrevistas. En la tabla siguiente se muestra el resultado de estas entrevistas de forma tabulada:

Tabla 16 Costos ocultos para distintos sectores industriales

Costos ocultos	Ejemplos de Citas
Re trabajos	*"Un mantenimiento adecuado, por ejemplo, evita tener que volver a trabajar una tela porque tiene arrugas o manchas. Indirectamente, un adecuado mantenimiento evita estos costos adicionales"*
Costos de oportunidad asociados a no cumplir con la demanda del producto	*"Dado que ciertos productos se fabrican en una única línea de producción y que van de forma directa al cliente como una venta, es deseable tener una planta confiable para cumplir con las necesidades del mercado"*
Procesos ineficientes	*"En las empresas que producimos comodities debemos reducir las pérdidas de rendimiento; y el mantenimiento también interviene en ese proceso"*
Transformación de materiales de manera sub óptima (fuera de estándar)	*"Realizo una inspección periódica a una bomba que pudiera arruinar el producto"* *"Si la máquina está bien mantenida, entonces la materia prima se transformará de manera óptima, según los parámetros de diseño"*
Queja del cliente por recibir productos no conforme	*"Al no ejecutar las tareas de mantenimiento preventivo se podría generar alguna falla que afecte la calidad del producto y, como consecuencia, llegar al cliente en esa condición"* *"Máquinas mal ajustadas o descalibradas, pueden funcionar de mala forma, entregando productos fuera de estándar a los clientes y generar reclamos. Los equipos deben estar siempre en perfectas condiciones de funcionamiento"*
Lidiar con los malos proveedores	*"Tener buenos proveedores contribuye a una buena calidad del servicio de mantenimiento, sin embargo, administrar malos proveedores trae altos costos ocultos por algunos de los siguientes motivos: la difícil relación que surge, la falta de colaboración, falta de suministros o pérdida de calidad de los productos entregados por el proveedor"*

Fuente; Holgado & Macchi & Evans (2020)

Otros autores como Cigolini & Fedele & Garetti & Macchi (2008), consideran que los **costos ocultos** pueden llegar a ser más onerosos que los costos directos de mantenimiento, en el sentido que los costos ocultos están relacionados con los principales factores que impulsan la atención de la gerencia. Para reforzar este punto, hacen referencia a la encuesta de la empresa internacional Aberdeen Strategy & Research *(empresa suiza de investigación de mercado en temas de gestión industrial y tecnología),* en donde los gerentes y dueños de empresas clasifican sus focos de gestión para sus activos y plantas industriales. El ranking con las tres funciones más importantes y prioritarias, definidos por los encuestados, están dados como se indica.

- *maximizar la capacidad de producción*
- *aumentar la disponibilidad*
- *mejora en la flexibilidad operacional*

Curiosamente, los costos de los mantenimientos directos e indirectos *(o los definidos en el presupuesto)* se clasificaron en una posición más baja.

PRECIO DE INSUMOS Y REPUESTOS PARA CAMIONES

El sector industrial de la minería es intensivo en el uso de activos físicos, los cuales son de alta complejidad, volumen y peso, por lo que sus costos de adquisición son altos con respecto a maquinarias de otros sectores industriales. Para ejemplificar esta situación, consideremos el caso de un camión minero de 290 toneladas, el que recibimos nuevo sin sus elementos adicionales, y debemos adquirirlos para iniciar su operación. Independiente que estos insumos y elementos pueden tener vidas útiles de 2 semanas, como es su aceite de motor diésel o seis años, como su tolva. Estos elementos, de igual forma, debemos obtenerlos para completar el armado del camión.

Para el servicio de armado de un equipo, junto con el personal técnico calificado, se requieren elementos accesorios como los siguientes: *grúas telescópicas, compresor de aire, soldadora, generador, grúa horquilla, alza hombre y manipulador de neumáticos*. Todos esos elementos accesorios son utilizados en las distintas etapas del proceso que puede tardar entre 15 a 25 días, desde el inicio de los trabajos hasta las pruebas para su entrega. A continuación, se presenta una tabla de costos estimados para este proceso:

Tabla 17 Valores de insumos camión minero de 290 toneladas

Ítem	Cant.	Unidad	Precio Unitario [USD]	Total [USD]
Servicio de armado del equipo (*)	1	$\left[\dfrac{un.}{Camión}\right]$	25.000	25.000
Aros de neumáticos	6	[un.]	20.000	120.000
Lubricantes	1.681	[Litros]	2,0	3.362
Refrigerante	594	[litros]	2,0	1.188
Neumáticos	6	[un.]	39.700	238.200
Tolva	1	[un.]	120.000	120.000
Sub total				**507.750**
Contrato de mantenimiento	1	$\left[\dfrac{un.}{Camión - Año}\right]$	284.758	284.758
				792.508

Nota: (*) Para armado de una gran cantidad de camiones, estos valores pueden bajar

Fuente: Adaptado de Díaz (2020)

Si bien, un camión minero nos permite obtener importantes ingresos por el aporte que hace al proceso de transporte del material valioso extraído de la mina, también es cierto que los gastos asociados a repuestos, insumos y servicios de mantenimiento son enormes. La tabla anterior, nos permite apreciar las magnitudes de estos gastos.

PRECIOS DE CAMIONES Y EQUIPOS MINEROS

El precio de los camiones, así como de otros productos en el sector mineros, son de difícil acceso, sin embargo, se ha podido recopilar algunos precios de referencia, que pueden ser utilizados como una primera aproximación en la evaluación de proyectos. De igual forma, estos precios pueden estar influidos fuertemente por la cantidad de unidades que se desea adquirir. *(Ejemplo: se puede obtener descuentos importantes si vamos a comprar 30 camiones en vez de 5)*. Negociar contratos de suministros de repuestos y servicios de mantenimiento contando con un gran parque de equipos, permite un poder de negociación para obtener descuentos importantes. Otro tema relevante, es considerar negociar, junto con la venta del camión, que estén incluidos los elementos adicionales como son: *los 6 neumáticos y sus respectivos aros, la tolva, o la carga de todos sus fluidos y el servicio de armado del equipo.*

En la tabla siguiente se hace una recopilación de varias fuentes sobre los precios de referencia sobre equipos mineros utilizados en las minas a cielo abierto.

Tabla 18 Precios de referencia para camiones y otros equipos

Marca	Tipo	Modelo	Precio [Millones USD]
Camiones mineros mecánicos y eléctricos			
Caterpillar	Camión	797F	5,000
Caterpillar	Camión	793F	3,840
Komatsu	Camión	930E	4,900
Otros equipos			
Komatsu	Cargador Frontal	P&H L2350	10,500
Caterpillar	Cargador Frontal	994K	5,730
Caterpillar	Cargador Frontal	994F	4,950
Caterpillar	Aljibes	777G	1,950
Caterpillar	Tractor de orugas	D11T	2,550
Caterpillar	Tractor de orugas	D10T-2	1,340
Caterpillar	Motoniveladora	24M	2,420
Caterpillar	Motoniveladora	16M	0,994
Caterpillar	Tractor de neumáticos	854K	2,380
Caterpillar	Tractor de neumáticos	834K	1,190
Caterpillar	Excavadora	374L	0,960
Caterpillar	Excavadora	349D	0,600
Sandvik	Perforadora	DR560	1,300
Epiroc	Perforadora	Roc L8	1,080
Epiroc	Perforadora	PV 271	2,850
Epiroc	Perforadora	PV 351	4,480
Epiroc	Perforadora	DM45	2,550
Epiroc	Perforadora	DMM3	2,980
Caterpillar	Pala hidráulica	6015/6015 FS	1,320
Caterpillar	Pala hidráulica	6015B	1,720
Caterpillar	Pala Hidráulica	6018/6018 FS	1,930
Caterpillar	Pala Hidráulica	6020B	2.670
Caterpillar	Pala Hidráulica	6030/6030 FS	4,580
Caterpillar	Pala Hidráulica	6040/6040 FS	5.280
Caterpillar	Pala Hidráulica	6060/6060 FS	6.410
Caterpillar	Pala Hidráulica	6050/6050 FS	7.190
Caterpillar	Pala Hidráulica	6090 FS	15.160
Caterpillar	Pala Eléctrica	7295	8.700
Caterpillar	Pala Eléctrica	7395	10.520
Caterpillar	Pala Eléctrica	7495 HD	11,820
Caterpillar	Pala Eléctrica	7495 HF	16,250

Fuente: Carvajal (2021) y Gonzáles (2017)

76

VELOCIDAD Y DISTANCIAS DE TRANSPORTE

Las velocidades y las distancias de transporte son parámetros claves para definir la productividad en una flota de camiones mineros, lógicamente, es mejor para el proceso de extracción de material, que las velocidades sean mayores y las distancias de transporte menores. Las distancias de transporte dependen fuertemente de los sectores en donde está el material valioso para el proceso, la ubicación del chancador primario y de los botaderos del material inerte. Consideremos el siguiente ejemplo (Luque, 2015).

Ejemplo N° 7: Una faena minera en Chile que opera sus camiones en dos circuitos claramente definidos A y B. La distancia A corresponde al inicio de la operación minera, cuando la profundidad de la mina era mínima; la distancia B, es cuando, al pasar los años, la profundidad de la mina ha aumentado. En la tabla siguiente se aprecia que la velocidad de transporte baja levemente de 24,2 a 22,7 km/hrs, sin embargo, al aumentar la distancia, el rendimiento del ciclo de transporte baja fuertemente de 951 a 579 ton/hrs.

Otra de las acciones que se realizan habitualmente, es aumentar la carga sobre los camiones. Por diseño, los camiones tienen un margen de tolerancia para las sobrecargas que se conoce como regla 10/10/20. Esta regla indica el margen de tolerancia de la sobrecarga aceptable por diseño, hasta el 10% del total de viajes puede tener una sobrecarga de 10% y no deben existir viajes (0%) que tengan una sobrecarga de un 20%.

Tabla 19 Impacto de la distancia de transporte en el rendimiento

Parámetros	Camión Cargado			Camión Vacío		
	Horiz ontal	Subida	Bajada	Horiz ontal	Subida	Bajada
Velocidad media [km/hrs]	30,8	14,4	21,7	33,2	21,2	25,4
A - Distancia [km]	1,0	2,2	0,5	1,5	-	2,2
Velocidad Media	24,2 [km/hrs]					
Distancia total	7,400 [km]					
Rendimiento	951 [toneladas/hrs]					
B - Distancia [km]	1,0	4,2	0,5	1,5	-	4,2
Velocidad media	22,7 [km/hrs]					
Distancia total	11,400 [km]					
Rendimiento	579 [toneladas/hrs]					

Nota: Se considera un camión minero de 290 toneladas de capacidad

Fuente: Adaptado de Luque (2015)

78

PRODUCTIVIDAD EN CAMIONES MINEROS

Dentro de los procesos unitarios de una operación minera a cielo abierto como son: *perforación, tronadura, carguío, transporte, equipos de apoyo*, el que tiene una mayor incidencia en los gastos totales es el transporte, por la cantidad de equipos necesarios para dar cumplimiento a los movimientos del material. Es así como, por ejemplo, en el año 2013 operaban un total de 38.500 camiones mineros en todo el mundo (Lumley, 2014) transportando alrededor de 73.900.000.000 (73,9 mil millones) de toneladas, representando cerca del 80% del movimiento total a nivel mundial.

Un indicador para la comparación de la productividad entre camiones mineros, está dado por la razón entre las *toneladas de material removidas en un año* por la *capacidad nominal de trasporte*. En estudio comparativo de 8 marcas distintas y 22 modelos de camiones mineros para este indicador, se obtuvieron valores máximos y mínimos de 13.485 y 6.617 ton./ton. Otra forma de comparación son los *metros cúbicos de material removido* por la *capacidad nominal de transporte*. A continuación, se muestra en forma gráfica este indicador y una línea de tendencia.

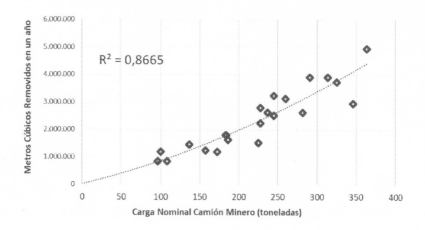

Figura 5 Tendencia metros cúbicos removidos y carga nominal

CAMIONES AUTÓNOMOS

INTRODUCCIÓN

El avance de la tecnología autónoma en vehículos móviles ha sido vertiginoso en los últimos años, empresas como Tesla, Google y Uber han implementados programas pilotos de vehículos de pasajeros sin chofer en California, EEUU. Empresas de maquinarias mineras como Komatsu no se han quedado atrás y, desde el año 2008, han tenido en operación camiones mineros con tecnología autónoma. Esta nueva tecnología utilizada en los camiones mineros presenta ventajas respecto a los de conducción manuales, las cuales están relacionadas a la disminución de exposición al riesgo de accidentes a las personas, aumentos en la utilización y rendimientos del equipo; estos cambios traen, como consecuencia, una disminución en los costos por tonelada transportada.

La **exposición al riego** de los operadores de equipos y del personal técnico que transita en los caminos interiores de la mina, disminuye enormemente, ya que las operaciones autónomas eliminan la mayor parte de los factores humanos de la operación.

La **utilización del equipo** aumenta sustancialmente porque los camiones autónomos no requieren ninguna parada para los descansos del conductor y los cambios de turno. Estos camiones pueden operar con una disponibilidad de casi el 90% sus primeros años, mientras que para los camiones manuales es de entre un 80% y 85%. Consideremos el siguiente ejemplo:

Ejemplo N° 8: En una operación minera que trabaja las 24 horas, los 365 días del año, los operadores de camiones manuales almuerzan en 45 minutos y los cambios de turno de entrada y salida toman en promedio unos 30 minutos cada uno. Lo anterior, nos da un total diario de 3 1/2 horas atribuibles a estas actividades. Si consideramos que un camión manual opera 18 horas al día, y eliminamos las 3 1/2 horas de pérdidas, las horas activas con un camión autónomo aumentan a 21 1/2 horas que es equivalente a un incremento en la productividad de un 19% ($\sim \frac{21,5-18}{18}$).

Como casos de aplicación real de esta tecnología, consideremos los resultados obtenidos en las operaciones mineras de Fortescue *(en Australia Occidental, Perth, produce 170 millones de toneladas de mineral de hierro con un total de 193 camiones autónomos)* y el conglomerado Rio Tinto, ambos han reportado aumentos en su productividad de un 21% y 13%, respectivamente (Gölbasi & Dagdelen, 2017). Estos porcentajes de aumentos de productividad concuerdan con las estimaciones realizadas en el ejemplo anterior.

El **aumento en el rendimiento** por la eliminación del factor del conductor, ayuda a que el movimiento de los camiones sea más uniforme. Lo anterior, se debe a que se eliminan los factores humanos influyentes en la conducción, tales como: *la experiencia, los distintos estados de ánimo y la monotonía del trabajo.*

Por último, el **costo operacional** por tonelada de material transportado se reduce drásticamente. Una de las razones es la eliminación del costo del conductor, que puede ser superior a 130.000 dólares anuales en los países desarrollados. Rio Tinto ha informado disminuciones de un 15% en sus costos operacionales (Voronov & Voronov & Makhambayev, 2020). La empresa minera de origen brasileño Vale S.A. ha reportado reducciones en el consumo de combustible, gastos de mantenimiento y neumáticos en un 10%, 10% y 25%, respectivamente.

En el año 2007, comenzó la utilización de la tecnología de camiones autónomos en operaciones mineras productivas y a contar de esa fecha, se han ido incorporando a más operaciones mineras en todo el mundo. En la tabla siguiente, se muestra la cantidad de camiones mineros que se han ido incorporado a la flota autónoma (Voronov & Voronov & Makhambayev, 2020) y (Gölbasi & Dagdelen, 2017).

Tabla 20 Catastro de camiones autónomos a nivel mundial (parte 1)

Año	Compañía	Mina	Mineral	País	Ciudad	Marca	Cant.
2007	Codelco	Gabriela Mistral	Copper Ore	Chile	Antofagasta	Komatsu 930E	18
2008	Rio Tinto	West Angelas	Iron Ore	Australia	Pilbara	Komatsu 930E	15
2011	BHP	Navajo Mie	Coal	USA	New México	Caterpillar 793F	3
2012	Rio Tinto	Yandicoogina	Iron Ore	Australia	Pilbara	Komatsu 930E	22
2012	Rio Tinto	Hope Down 4	Iron Ore	Australia	Pilbara	Komatsu 930E	19
2012	Fortescue	Solomon Hub	Iron Ore	Australia	Pilbara	Caterpillar 793F	64
2013	Rio Tinto	Nammundi	Iron Ore	Australia	Pilbara	Komatsu 930E	30
2014	BHP	Jimblebar	Iron Ore	Australia	Pilbara	Caterpillar 793F	50
2017	Rio Tinto	Silvergrass	Iron Ore	Australia	Pilbara	Komatsu 930E	10
2017	Stanwel	Meandu	Coal	Australi	Queensland	Hitachi EH 5000	3

Tabla 21 Catastro de camiones autónomos a nivel mundial (parte 2)

Año	Compañía	Mina	Mineral	País	Ciudad	Marca	Cant.
2018	Fortescue Metals	Christmas Creek	Iron Ore	Australia	Pilbara	Caterpillar 789D	35
2018	Suncor Energy	North Steepbank	Oil Sands	Canada	Alberta	Komatsu 930E	20
2018	Barrick Gold	South Arturo	Gold	USA	Nevada	Komatsu 930E	5
2019	Fortescue Metals	Cloudbreak	Iron Core	Australia	Pilbara	Caterpillar 789D	38
2019	Vale S.A.	Brucutu	Iron Core	Brazil	Minas Gerais	Caterpillar 793F	13
2019	Brønnøy Kalk AS	Brønnøy Kalk	Limestone	Noruega	Velfjord	Volvo FH16	6
2019	SUEK-Khakassia	Chernogorsky Cut	Coal	Rusia	Khakassia	Belaz 7513R	2
2020	Whitehaven Coal	Maules Creek	Coal	Australia	New South Wales	Hitachi EH5000	6
2020	Ferrexpo	Yeristovo Mine	Iron Ore	Ucrania	Poltava	Caterpillar 789C y 793D	15
2020	Rio Tinto	Koodaideri	Riron Ore	Australia	Pilbara	Caterpillar 793F	20

Fuente: Voronov & Voronov & Makhambayev (2020)

IMPACTOS AL UTILIZAR CAMIONES AUTÓNOMOS

Con respecto a los ahorros estimados para las operaciones con camiones autónomos, algunas personalidades, como el Sr. Rey Agama, que es el *Global Regulatory Affairs Manager* de Caterpillar, estiman éstos en las siguientes magnitudes: 5% a 10% en componentes mayores, 10% a 25% en otros sistemas del equipo y un 25% en los costos laborales del operador.

En estudio con simulación realizado por Parreira (2013) en una operación minera en Canadá, que funciona con camiones Caterpillar 793D, se obtuvieron las siguientes diferencias en cuanto al consumo de combustible y neumáticos entre camiones manuales y autónomos, los que se muestran en la tabla siguiente:

Tabla 22 Impacto de usar camiones autónomos (simulación)

Parámetro	Unidad	Manual	Autónomo	Dif.
Velocidad transporte camión cargador	$\left[\dfrac{km}{hr}\right]$	17,4	16,6	- 5%
Velocidad transporte camión vacío	$\left[\dfrac{km}{hr}\right]$	27,4	24,8	- 10%
Consumo de combustible camión cargador	$\left[\dfrac{lt}{hr}\right]$	384,19	381,48	- 1%
Consumo de combustible camión vacío	$\left[\dfrac{lt}{hr}\right]$	79,31	69,53	- 14%
Desgaste en neumáticos camión cargador	$\left[\dfrac{mm}{hr}\right]$	0,0306	0,0298	- 3%
Desgaste en neumáticos camión vacío	$\left[\dfrac{mm}{hr}\right]$	0,0073	0,0063	- 16%

Fuente: Parreira (2013)

Con respecto a las velocidades de transporte, en la tabla anterior, se muestra que los camiones autónomos operan a velocidades más lentas que los manuales; sin embargo, el tiempo de ciclo total es menor dado que disminuye el tiempo de espera en cola. Esta disminución en los tiempos de espera es atribuible a la conducción autónoma por su condición más estable, la cual evita los frenazos del equipo en forma innecesaria.

El **tiempo de ciclo** de un camión es la suma total de tiempos desde su aculatamiento y carga, transporte cargado, descarga en botadero, traslado en vacío, hasta la espera en cola y otros tiempos de retrasos. Este tiempo es el promedio del ciclo completo. En la tabla siguiente se muestra un ejemplo al respecto.

Tabla 23 Ejemplo de tiempos de ciclo por camión manual y autónomo

Categoría de tiempos [hora]	Manual	Autónomo
Cambio de turno	0,40	0
Almuerzo y colación	1,90	0
Retrasos del proceso	2,20	2,10
Mantenimiento no planificado	1,30	1,40
Mantenimiento planificado	2,60	2,80
Sub total	**8,40**	**6,30**
Tiempo equipo cargador	15,60	17,70
Total [día completo]	**24,00**	**24,00**
Utilización	$65,0\% \left[\sim\frac{15,6}{24}\right]$	$73,4\% \left[\sim\frac{17,7}{24}\right]$
Producción $\left[\frac{ton}{dia-camión}\right]$	**4.231**	**5.130**
Diferencia con respecto a camión manual		**+ 21%**

Fuente: Parreira (2013)

Según los resultados de este estudio (Parreira, 2013) en una faena minera en Canadá, se puede inferir que los mayores ahorros están en el consumo de combustible y neumáticos en el período en

88

que los camiones mineros están operando en vacío, es decir, retornando al sector de carguío de material. Un punto relevante es la diminución de la velocidad de transporte, lo que puede impactar en el movimiento total de la mina. Sin embargo, esto se ve compensado por el incremento de otros parámetros, como es la disponibilidad y la utilización del equipo.

En un estudio posterior realizado por Parreira & Meech (2010) presentan una tabla resumen de los impactos potenciales que supone el cambio de tecnología de operación manual a autónoma.

Tabla 24 Estudio sobre impactos del uso de camiones autónomos

Categoría	%	Comentarios
Costos de inversión de un camión	+ 30%	Los camiones autónomos incorporan sensores y tecnología que los hace ser más caros de los manuales
Tiempo de ciclo de transporte del camión	- 7%	Disminuyen los tiempos de detenciones atribuibles a la conducción humana
Consumo de combustible	- 10%	Dado que, en todo momento, los camiones autónomos funcionan en las marchas correctas, según la carga y pendientes, es que su consumo de combustible es el óptimo
Desgaste de neumáticos	- 12%	La conducción autónoma evita el patinaje del camión y el exceso de velocidad en las curvas, que son elementos incidentes en el desgaste de los neumáticos. De igual forma, esta conducción requiere una prolija limpieza de las pistas, lo que evitar los cortes en los neumáticos, que es otro factor que incide en su rendimiento
Disponibilidad mecánica	- 8%	En general, las indisponibilidades de los equipos pueden están afectadas por los siguientes factores: • *Problemas de diseño en el equipo* • *Defectos en el proceso de mantenimiento* • *Defectos en el proceso de operación* • *Errores en la conducción del equipo* Los dos últimos puntos, son los que la tecnología autónoma nos permite evitar
Productividad	+ 5%	Las detenciones por cambios de turno y almuerzo de los operadores están ausentes en la conducción autónoma
Costos de mantenimiento	- 14%	Al eliminar alguna de las causas que inducen fallas en el equipo, esto hace que estos eventos no se produzcan y, por lo tanto, haya menores gastos en mantenimiento
Vida útil del camión	+ 12%	En general, la condición estructural del chasis de un camión es lo que define la vida física de un camión. Operando de manera óptima, libre de sobre esfuerzo, sus componentes, la estructura y su chasis, hará que su vida económica, de servicio y física se incrementen
Costos laborales	- 5%	Se comenta en el párrafo siguiente
Seguridad	-	Estas deben ser estimadas

Fuente: Adaptado de Parreira & Meech (2010)

Con respecto a los costos laborales, si bien es cierto que la conducción autónoma no necesita cuatro conductores para cada equipo, en su reemplazo, se debe adicionar personal para **mantener los camiones, sus sensores y los subsistemas de control**. Este personal debe ser altamente calificado y, por lo tanto, tendrán salarios más altos (Parreira y Meech, 2010).

Sin embargo, otros autores afirman que los costos laborales son los mayores ahorros que se producen al introducir la tecnología autónoma en los camiones mineros. Existe menor transporte de personal, gastos en alimentación, alojamiento y campamento, esto se ve acentuado en las faenas mineras remotas. Estos ahorros compensarían con creces, el incremento del personal técnico altamente calificado que se requiere para el mantenimiento y la operación del sistema autónomo de los camiones (Brundrett, 2014).

Otra fuente de información disponible es el informe de Credit Suisse (2013) sobre el desempeño financiero y operación del conglomerado minero Rio Tinto, aquí se mencionan los siguientes impactos por el uso de camiones autónomos en sus distintas operaciones mineras.

Tabla 25 Impacto de camiones autónomos en Rio Tinto

Categoría	Impacto	Comentarios
Productividad	+ 15% a 20%	Disminuyen los tiempos de ciclo por lo que se necesitan menos unidades de camiones en operación
Gastos de mantenimiento	- 17%	Aumento de la vida de los neumáticos y mayor estabilidad en los procesos de mantenimiento
Costos operacionales	- 30%	Menor cantidad de choferes de camiones y menor consumo de combustible

Fuente: Adaptador de Credit Suisse (2013) y Gölbasi & Dagdelen (2017)

En el estudio realizado por Mujica (2019) compara algunos parámetros técnicos entre camiones manuales y autónomos utilizados en distintas faenas mineras. Al implementar la tecnología autónoma podemos apreciar dónde se producen las mejoras en la productividad.

Tabla 26 Comparación de horas efectivas entre camiones

Parámetros	Autónomos		Manual	
	Faena 1	Faena 2	Faena 3	
N° Camiones	70	18	36	94
Antigüedad [hrs]	40.000	53.000	34.000	40.500
Disponibilidad [%]	90	85	85	79
Utilización Operativa [%]	90	94	89	87
Utilización Efectiva [%]	83,3	78,6	76,0	79,1
Horas Operativas [hrs]	19	19	18	17
Horas Efectivas [hrs]	18,0	16,1	15,6	15,1

Fuente: Mujica (2019)

92

En la tabla anterior, se puede apreciar que las operaciones de camiones autónomos presentan mejores indicadores de desempeño para la disponibilidad total de la flota (90% versus 85%) y la utilización efectiva (83,3% versus 78,6%), lo anterior hace que el camión pueda estar hasta 2 horas más al día realizando su función de transporte de material que su equivalente manual.

EFECTO GAVIOTA EN LA PRODUCCIÓN DIARIA

El factor humano en la operación manual de los camiones mineros genera variabilidad en el movimiento de material en el transcurso del día. La influencia en la producción de los cambios de turno al inicio y al término del mismo, y del almuerzo, se ven reflejados en lo que se conoce como el *"efecto gaviota"*. Esto es la suma de todo lo que ocurre en la jornada de trabajo por la conducción manual: al inicio del turno, se produce un incremento en la producción a medida que los camiones entran en funcionamiento, hasta llegar a una condición de régimen a las dos horas del inicio. En ese instante, la producción llega a una condición de estabilidad, sin embargo, a poco andar, comienza el ciclo de descenso en la producción por entrar en el horario de almuerzo. A la vuelta del almuerzo, se produce el segundo incremento en la producción del turno para volver a descender, por segunda vez, al término de la jornada laboral, quedando finalmente un proceso con dos subidas y dos bajadas, asimilables al ciclo de una gaviota.

Lo anteriormente descrito, no sucede en el caso del uso de camiones autónomos, por lo que la producción del turno se mantiene relativamente constante en todo momento. Una comparación entre la producción de un camión manual y autónomo la presenta Mujica (2019), en la cual, podemos observar las diferencias en la figura siguiente. Respecto a la producción promedio del turno se obtienen los valores de 24.731 y 24.608 toneladas transportada en el turno, lo que representa una diferencia de menos de un 1%.

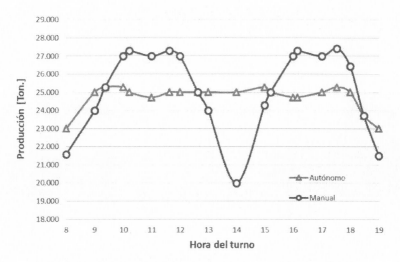

Figura 6 Producción por hora en camiones manuales y autónomos

Fuente: Mujica (2019)

COSTOS DE IMPLEMENTACIÓN

Para la implementación de un sistema de camiones autónomos en una operación minera, se requiere inversiones en temas relacionados con la infraestructura, telecomunicaciones y los servicios adicionales de soporte de esta tecnología. Las inversiones no son necesariamente, en proporción a la cantidad de camiones de la flota, porque se puede ir reduciendo, según economías de escala existente. De igual forma, los avances tecnológicos pueden hacer que los costos disminuyan, sin embargo, considerando que es una tecnología nueva ofertada por los fabricantes de equipos (OEM) con una proyección de alta demanda, puede ser que sean aplicadas estrategias comerciales que no necesariamente hagan bajar sus precios.

A continuación, se presenta como ejemplo, las inversiones requeridas para la habilitación de un sistema de autonomía de siete camiones mineros Caterpillar 793D (Parreira, 2013).

Tabla 27 Costos de infraestructura y telecomunicaciones

Elementos	Cant.	Unitario [USD]	Total [USD]
Estaciones de transmisión básicas	30	30.000	900.000
Servidores (con redundancia)	8	12.500	100.000
Routers	10	40000	400.000
Switches	20	5.000	100.000
Sistema de energía (con redundancia)	1	150.000	150.000
Adaptadores de Red (Cables CAT 6)	1	200.000	200.000
Sistema de monitoreo (Camera, etc)	1	1.500.000	1.500.000
Sistema de posicionamiento con redundancia (GPS y antenas)	1	200.000	200.000
Total			3.550.000

Fuente: Parreira (2013)

Tabla 28 Servicio por implementación de autonomía

Elementos	Cant.	Unitario [USD]	Total [USD]
Instalación y comisionamiento	1	700.000	700.000
Consultoría (12 menes)	4	180000	720,000
Gestor del proyecto (6 meses)	2	100000	200.000
Enlace de transmisión	2	10.000	20.000
Entrenamiento	20	50.000	1.000.000
Transporte y logística	1	500.000	500.000
Total			3.140.000

Fuente: Parreira (2013)

Como se puede ver en las tablas anteriores, los costos por la implementación de estos sistemas autónomos son elevados a lo que hay que agregar, que los camiones autónomos pueden llegar a ser hasta 1,5 millones de dólares más caros que uno manual. Dado estos altos costos, es que se deben evaluar exhaustivamente los beneficios esperados por la incorporación de esta tecnología.

PROYECCIÓN DE CAMIONES AUTÓNOMOS

El realizar la proyección de cómo evolucionará la tecnología en los próximos años y el mercado de camiones en la minería, es una tarea difícil; sin embargo, con la información pública disponible entregada por las empresas mineras y fabricantes de equipos, podemos imaginar el futuro. A continuación, algunas noticias sobre este tema:

La empresa minera BHP anuncia para Chile, la incorporación de 85 camiones autónomos en sus operaciones de Escondida y Spence para antes del año 2025 (www.portalminero.cl), además de llegar a la cantidad de 500 unidades, en igual fecha, en sus operaciones en Australia. Por su parte, la minera Vale S.A. proyecta expandir su flota de camiones autónomos a 37 unidades en su operación de extracción de Hierro de Carajás, Brasil (www.bnamaericas.com). La empresa Suncor Energy, que opera el yacimiento de arenas petrolíferas en Alberta, Canadá, estima llegar a operar 100 unidades de camiones autónomos en el año 2025. La minera AngloAmerican utilizará en su operación de Quellaveco en Perú, un total de 22 camiones autónomos y en su faena Los Bronces (Chile) integrará 62 camiones para el año 2024.

La empresa Global Data *(empresa de análisis de información de variados sectores industriales)* ha estimado en todo el mundo, un total de camiones autónomo en funcionamiento en el año 2021 de 769 unidades y su incremento a 1068 unidades en el año 2022, representando un aumento de un 38%. Según sus estimaciones, para el año 2025, existirían en operación un total de 1.800 unidades. En la actualidad el parque de equipos autónomos está liderado por Australia, Canadá y China. En la tabla siguiente se muestra la distribución de unidades por país y por empresa minera.

Tabla 29 Catastro de camiones autónomos por país

País	2021	2022
Australia	561	706
Canadá	143	177
China	12	69
Chile	18	33
Brasil	14	26
Perú	0	22
Suecia	0	11
Rusia	7	7
Ucrania	3	6
Noruega	6	6
Estados Unidos	5	5
Total	769	1068

Fuente: Global Data

Tabla 30 Catastro de camiones autónomos por empresa minera

Empresa Minera	2021
Fortescue Metal Group	192
Rio Tinto	182
BHP	171
Suncor Energy	74
Teck	42
Otros	39
Imperial Oil	23
Codelco	18
Whitehaven Coal	14
Vale	14
Total (distribución aproximada)	769

Fuente: Adaptado de Global Data

BENEFICIOS POR CAMIÓN

INTRODUCCIÓN

Una de las mayores particularidades y dificultades de la evaluación de proyectos de reemplazo de camiones mineros es modelar la retribución económica *(ingresos menos gastos)* que entrega cada uno de estos equipos a la empresa. Esto, claramente es complejo, dado que existen innumerables procesos y equipos que participan en la extracción del mineral desde las primeras excavaciones de la superficie de la tierra hasta transformar el producto final en lingotes de Oro o cátodos de Cobre; y también, concentrados de Cobre o Hierro, entre otros minerales.

De igual forma, estas estimaciones de beneficios requieren de información técnica del diseño mismo de la operación minera, asociado a las áreas de ingeniería de minas de mediano y largo plazo. Es decir, debemos comprender e incorporar en nuestras evaluaciones de proyectos, aspectos que, en general, escapan a nuestro conocimiento como ingenieros mecánicos o industriales y que están incluidas en los que se conoce como Planes Mineros.

PLANES MINEROS

La planificación minera es uno de los procesos fundamentales en la cadena de valor del negocio, debido a que determina la porción del yacimiento que será extraída y procesada, siendo la base para desarrollar una operación industrial como un negocio que busca cumplir con las utilidades comprometidas a los dueños. Aquí se define el método de explotación *(a cielo abierto o subterráneo)*, capacidad de procesamiento de mineral en función de los recursos minerales disponibles, tamaño de la mina, la arquitectura de la mina, secuencia de explotación *(primero el sector sur-oeste de la mina y después el nor-poniente)*, el perfil de leyes de corte *(todo el material de la mina sobre 0,40% de ley de Cobre, se considerará como mineral para ser enviado al Chancado Primario, el resto, será considerado estéril y enviado a un botadero)*, entre otros (Meneses, 2019).

De forma específica, autores como Hustrulid, Kutcha y Martin (2013), indican que algunos de los objetivos básicos que debe cumplir un **Plan Minero** son los siguientes:

- *Establecer la secuencia de minado del yacimiento de tal forma que cada año el costo de producir un kilógramo de mineral sea mínimo*
- *Definir la flota más adecuada de equipos (camiones y palas), acceso de transporte a cada sector de extracción (distancias de transporte, velocidades), etc.*
- *Incorporar suficiente mineral expuesto, "asegurando", en caso de contratiempos (una o varios sectores de explotación pueden quedar fuera de servicios y es necesario tener alternativas para seguir operando)*
- *Establecer una demanda de equipos y mano de obra suavizada, que tenga posibilidades reales de cumplimiento. (Ejemplo: no puede un plan minero requerir 20 camiones en los primeros 2*

años de operación, para que, en sus 10 años posteriores, necesitar sólo 12 unidades ¿Qué hacer con los 8 camiones sobrantes?)

- *Desarrollar un programa lógico y que sea fácil ejecución, incluir el desarrollo de actividades pioneras de exploración, desarrollos de equipos de trabajo, creación de infraestructura y soporte logístico, de tal forma de minimizar el riesgo de atrasos de los flujos de caja futuros de la empresa*
- *Maximizar los ángulos de talud en respuesta a las investigaciones geotécnicas, y por una planificación cuidadosa, minimizar los impactos adversos de cualquier inestabilidad de talud, si esta ocurriese*

De la información disponible en los Planes Mineros debemos tomar, a lo menos, los siguientes parámetros para estimar los beneficios que entregará a la empresa cada uno de los camiones mineros en operación.

Tabla 31 Variables definidas en un Plan Minero

N°	Descripción	Un.	Comentario
1	Capacidad de carga	Ton	Según marca y modelo seleccionado
2	Velocidad de transporte	$\dfrac{km}{hora}$	Depende de las características técnicas del camión y de cuantos kilómetros opera en pendiente y de forma horizontal
3	Distancia del circuito	km	Depende de la distancia entre el mineral y el chancado primario
4	Disponibilidad	%	Disponibilidad de la flota de camiones
5	Utilización	%	Utilización de la flota de camiones
6	Horas diarias de producción	hrs	Las operaciones mineras tienen procesos continuos y operan las 24 hrs
7	Días de producción	$días$	Algunas operaciones mineras detienen completamente sus procesos en una cantidad de días muy limitada
8	Movimiento de material máximo	Ton	Es el total de toneladas de material que debe ser transportado por el camión en su ciclo de vida
9	Relación estéril mineral	-	Es la razón de las toneladas de material estéril que se debe remover para extraer de la mina 1 tonelada de material definido como mineral (Ejemplo: 2,7:1)
10	Ley del mineral	%	Este el porcentaje de mineral que se encuentra en el material transportado
11	Precio del mineral	$\dfrac{usd}{Ton}$	Es la cantidad de dólares que paga el mercado por cada tonelada de mineral
12	Porcentaje de recuperación	%	Es el porcentaje que el proceso de Planta recupera el material valioso que es suministrado por la operación minera
13	Costos variables del proceso Planta	$\dfrac{usd}{Ton}$	Corresponde al total de costos variables del proceso Planta, desde que recibe el material del camión hasta cuando entrega el producto final

Fuente: Elaboración propia

Tabla 32 Cálculo de variables del Plan Minero

N°	Descripción	Un.	Comentario
14	Rendimiento del camión	$\dfrac{Ton}{hora}$	Es la velocidad de transporte dividido por la distancia del circuito y multiplicado por la capacidad de carga nominal
15	Horas operacionales por año	$\dfrac{hora}{A\tilde{n}o}$	Es la multiplicación de la disponibilidad, rendimiento, horas diarias de producción y días de producción
16	Movimiento de material por año	$\dfrac{Ton}{A\tilde{n}o}$	Es la multiplicación del rendimiento por las horas de operaciones del camión en un año
17	Proporción material estéril mineral E/M	%	Es la proporción del material definido como mineral sobre el total de material que se debe remover de la mina (Ejemplo.: $\dfrac{1}{2,7+1} = \dfrac{1}{3,7} \sim 0,27 \sim 27\%$)
18	Movimiento de material al Chancado por año	$\dfrac{Ton}{A\tilde{n}o}$	Una porción del total de movimiento de material de la mina va al Chancador

Fuente: Elaboración propia

Con las variables del Plan Minero y los cálculos indicados en la tabla anterior, podemos obtener los ingresos estimados para un camión minero por cada año de producción.

$$Ingresos = [Precio] \times [Movimiento\ de\ Material\ Valioso\ Asignado\ al\ Cami\acute{o}n]$$

$$Ingresos = [Precio] \times [\{Proporci\acute{o}n\ de\ material\ E/M\} \times \{Movimiento\ Total\}]$$

En donde, el término proporción de material E/M (estéril y mineral) está dado como sigue.

$$Proporci\acute{o}n\ E/M = \frac{Toneladas\ Mineral}{Toneladas\ [Est\acute{e}ril + Mineral]} = \frac{1}{2,7 + 1} \sim 0,27027$$

107

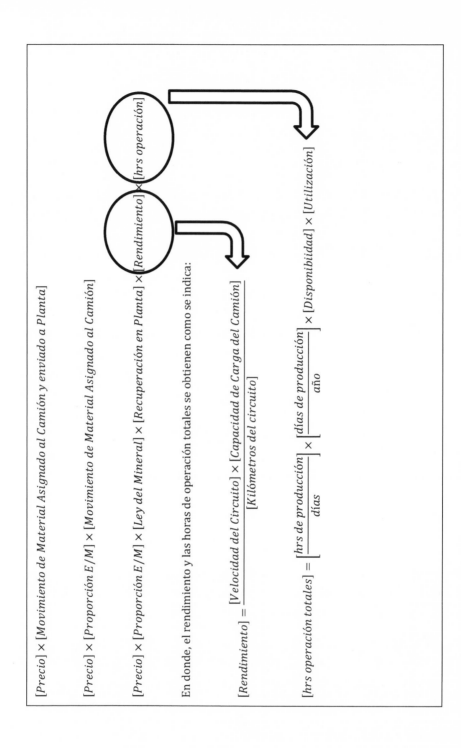

$[Precio] \times [Movimiento\ de\ Material\ Asignado\ al\ Camión\ y\ enviado\ a\ Planta]$

$[Precio] \times [Proporción\ E/M] \times [Movimiento\ de\ Material\ Asignado\ al\ Camión]$

$[Precio] \times [Proporción\ E/M] \times [Ley\ del\ Mineral] \times [Recuperación\ en\ Planta] \times [Rendimiento] \times [hrs\ operación]$

En donde, el rendimiento y las horas de operación totales se obtienen como se indica:

$$[Rendimiento] = \frac{[Velocidad\ del\ Circuito] \times [Capacidad\ de\ Carga\ del\ Camión]}{[Kilómetros\ del\ circuito]}$$

$$[hrs\ operación\ totales] = \left[\frac{hrs\ de\ producción}{días}\right] \times \left[\frac{días\ de\ producción}{año}\right] \times [Disponibilidad] \times [Utilización]$$

BENEFICIOS POR CAMIÓN SEGÚN UN PLAN MINERO

Considerando lo visto previamente, se desarrollará un ejemplo numérico.

Ejemplo N° 8: En el año 2022, una faena minera adquirirá una flota de camiones de 180 toneladas de capacidad de carga, a un valor de 2.860.000 dólares cada uno. Según el trabajo desarrollado en el Plan Minero, en donde se han definidos los kilómetros de rutas horizontales y con pendiente, y las características técnicas del equipo, se proyectaron las velocidades de transporte para los próximos 15 años de operación. Su operación será continua de 24 horas al día por 360 días al año. En el Plan Minero se definió que un camión será reemplazado cuando cumpla 15 años de operación o transportado un total de 44,806 millones de toneladas. El yacimiento se considera de baja ley con un porcentaje de mineral de 0,37% y una razón estéril mineral de 2,7:1 *(para transportar 1 tonelada de mineral al chancador primario, se debe mover 2,7 toneladas de material estéril)*. De esta razón se obtiene la proporción de E/M ($\frac{1}{2,7+1} = \frac{1}{3,7} \sim 0,27 \sim 27\%$). Para el proceso de Planta, su recuperación fue definida de un 78% y sus costos se consideran un 70% del valor de la venta del mineral.

Con esta información, se obtiene los ingresos atribuibles a 1 camión para los años 1, 2 y hasta el año 15 de operación. Para los costos variables del proceso Planta se consideran un 70% de los ingresos.

Tabla 33 Parámetros del Plan Minero (Ejemplo N° 8)

N°	Descripción	Un.	Comentario
1	Capacidad de carga	Ton	180
2	Velocidad de transporte	$\dfrac{km}{hora}$	Varía anualmente
3	Distancia del circuito	km	Varía anualmente
4	Disponibilidad	%	Varía anualmente
5	Utilización	%	77 %
6	Horas diarias de producción	hrs	24
7	Días de producción	$días$	360
8	Movimiento máximo de material	Ton	44,806 millones
9	Relación estéril mineral	-	2,7: 1 (27%)
10	Ley del mineral	%	0,37 %
11	Precio del mineral	$\dfrac{usd}{Ton}$	Varía anualmente
12	Porcentaje de recuperación	%	78 %
13	Costos Variables proceso Planta	$\dfrac{usd}{Ton}$	70% valor de venta

Fuente: Elaboración propia

Tabla 34 Parámetros que varían anualmente (Ejemplo N° 8)

Año	Velocidad $\dfrac{km}{hora}$	Distancia km	Disponibilidad %	Precio $\dfrac{usd}{Ton}$
1	16,0	4,2	93,2	7937
2	15,0	5,0	85,2	8796
3	14,0	5,6	86,8	7518
4	15,0	4,6	84,9	5159
5	15,6	4,8	84,2	6945
6	15,0	5,0	86,4	7121
7	15,0	4,6	88,7	6724
8	14,0	4,0	87,0	7171
9	18,0	5,3	86,3	7062
10	15,0	4,8	84,2	6814
11	15,0	5,0	83,8	6714
12	15,0	7,0	78,7	6936
13	15,4	6,8	77,3	6935
14	15,0	6,9	83,0	6908
15	15,0	7,1	81,0	6934

Fuente: Elaboración propia

Año N° 1

$$Rendimiento = 686 \sim \frac{[16,0] \times [180]}{[4,2]}$$

$$Hrs\ operación\ total = 6201 \sim [24] \times [360] \times [93,2\%] \times [77\%]$$

$$Ingresos = [7937] \times [27\%] \times [0,37\%] \times [78\%] \times [686] \times [6201]$$

$$Ingresos \sim 26.308.877\ millones\ de\ dólares$$

$$Costos\ variables\ Planta \sim USD\ 18.416.214 \sim 70\% \times Ingresos$$

Año N° 2

$$Rendimiento = 540 \sim \frac{[15,0] \times [180]}{[5,0]}$$

$$Hrs\ operación\ total = 5668 \sim [24] \times [360] \times [85,2\%] \times [77\%]$$

$$Ingresos = [8796] \times [27\%] \times [0,37\%] \times [78\%] \times [540] \times [5668]$$

$$Ingresos \sim 20.978.233\ millones\ de\ dólares$$

$$Costos\ variables\ Planta \sim USD\ 14.684.763 \sim 70\% \times Ingresos$$

Año N° 14

$$Rendimiento = 391 \sim \frac{[15,0] \times [180]}{[6,9]}$$

$Hrs\ operación\ total = 5520 \sim [24] \times [360] \times [83,0\%] \times [77\%]$

$Ingresos = [6908] \times [27\%] \times [0,37\%] \times [78\%] \times [391] \times [5520]$

$Ingresos \sim 11.617.917\ millones\ de\ dólares$

$Costos\ variables\ Planta \sim USD\ 8.132.542 \sim 70\% \times Ingresos$

Año N° 15

$$Rendimiento = 380 \sim \frac{[15,0] \times [180]}{[7,1]}$$

$Hrs\ operación\ total = 5387 \sim [24] \times [360] \times [81,0\%] \times [77\%]$

$Ingresos = [6934] \times [27\%] \times [0,37\%] \times [78\%] \times [380] \times [5387]$

$Ingresos \sim 11.060.493\ millones\ de\ dólares$

$Costos\ variables\ Planta \sim USD\ 7.742.345 \sim 70\% \times Ingresos$

Tabla 35 Resumen de resultados (Ejemplo N° 8)

Año	Rendimiento $\frac{ton}{hrs}$	Disponibilidad %	Horas Operacionales $\frac{hrs}{Año}$	Ingresos *Millones USD*
1	686	93,2	6.201	26,308
2	540	85,2	5.668	20,978
3	450	86,8	5.772	15,216
4	587	84,9	5.647	13,325
5	585	84,2	5.604	17,741
6	540	86,4	5.748	17,223
7	587	88,7	5.898	18,139
8	630	87,0	5.788	20,375
9	611	86,3	5.745	19,316
10	563	84,2	5.603	16,749
11	540	83,8	5.574	15,747
12	386	78,7	5.238	10,927
13	408	77,3	5.139	11,330
14	391	83,0	5.520	11,617
15	380	81,0	5.387	11,060

Fuente: Elaboración propia

FUJOS DE CAJA

INTRODUCCIÓN

La presente metodología tiene por objetivo entregar los elementos básicos necesarios para apoyar la toma de decisiones sobre el reemplazo de camiones mineros en los casos de *tener varias alternativas* para elegir la más conveniente, o en el caso de un equipo en operación, definir *cuándo es económicamente rentable reemplazarlos*. Este tipo de evaluación de proyectos de reemplazo de un equipo, sigue todos los criterios y recomendaciones vistos en los distintos ramos de ingeniería industrial y pregrado. A la vez, estos proyectos se pueden categorizar como sigue:

Reposición: Cambio de un equipo en operación, sin que esto implique cambios de las capacidades o velocidades. *Ejemplo.: cambiar un equipo por uno exactamente igual, pero nuevo*

Equipamiento: Adquisición de un equipo o instalación, los cuales no reemplazan a ningún otro. *Ejemplo: Instalación de una planta de procesamiento de minerales nueva que operará por un período de 5 años*

Ampliación: Aumentar la capacidad por medio de la adquisición de equipos adicionales o reemplazar los actuales por otros con mayor capacidad, producto de un cambio tecnológico. *Ejemplo: reemplazo de camiones Komatsu 930E de 290 toneladas a Komatsu 980E de 363 toneladas de capacidad de carga.*

METODOLOGÍA

De forma general, al materializarse estas inversiones, se obtienen aumentos en los beneficios *(mayor capacidad o velocidad)* y potenciales disminuciones en los costos *(directos e indirectos)*. En el caso que el nuevo equipo o instalación entregue **mayores ingresos por ventas**, estas deben ser incluidas en la evaluación del proyecto. Estos mayores ingresos pueden venir por un mayor volumen de ventas o por entregar al mercado un producto de mejor calidad y a mayor precio.

El criterio más general para evaluar proyectos es obtener el indicar económico que se conoce como el **Valor Actual Neto (VAN)**. Este criterio considera las inversiones, los beneficios y costos, el valor de venta de los activos al final del proyecto cuando es liquidado y el valor del dinero en el tiempo a través de la tasa de descuento (Mideplan, 2005).

Las variables a utilizar serán las siguientes:

I_0 = *Inversión en el equipo o instalación*
B_i = *Ingresos totales en el año "i"*
C_i = *Costos totales en el año "i"*
r = *Tasa de descuento exigida para el proyecto*
n = *Horizonte de evaluación del proyecto*
VR_n = *Valor de venta del activo en el mercado en el año "n"*

La ecuación, sin considerar los impuestos, queda como se indica:

$$VAN = -I_0 + \sum_{i=1}^{n} \frac{B_i - C_i}{(1 + r)^i} + VR_n$$

En este punto se debe tener presente que, en el caso de querer comparar proyectos, que tengan **exactamente iguales ingresos totales (B_i)**, esta variable B_i se puede obviar en ambos proyectos, quedando únicamente como una comparación de costos, en donde la mejor alternativa es la que entregue un menor costo.

$$VAN = -I_0 + \sum_{i=1}^{n} \frac{\cancel{B_i} - C_i}{(1 + r)^i} + VR_n$$

Que es igual a la siguiente expresión.

$$VAN = -I_0 - \sum_{i=1}^{n} \frac{C_i}{(1 + r)^i} + VR_n$$

En este punto, vemos que todos los términos, excepto el valor de venta del activo en el año "n" (VR_n) es positivo y, para simplificar la nomenclatura, es que se define el término **Valor Actual de Costos (VAC)** y que se utiliza sólo cuando tenemos costos en la ecuación.

$$VAC = -VAN$$

$$VAC = -\left[-I_0 - \sum_{i=1}^{n} \frac{C_i}{(1 + r)^i} + VR_n \right] = I_0 + \sum_{i=1}^{n} \frac{C_i}{(1 + r)^i} - VR_n$$

En el caso de querer comparar proyectos de distintos períodos, como en el ejemplo N° 3, página N° 39: *las bombas de marcas A y B tienen vidas útiles de 3 y 4 años respectivamente*, es que aparece el concepto de **Factor de Recuperación del Capital (FRC)**, el cual transforma el VAN o VAC en un único valor equivalente que permite realizar dicha comparación. Podríamos decir que el FRC permite aplanar todo el flujo de caja. Este término se expresa matemáticamente como se indica y permite obtener el Costo Anual Equivalente (CAE) o su equivalente Valor Anual Equivalente (VAE).

$$CAE = VAC \times FRC = VAC \times \left[\frac{(1+r)^n \times r}{(1+r)^n - 1} \right]$$

$$VAE = VAN \times FRC = VAN \times \left[\frac{(1+r)^n \times r}{(1+r)^n - 1} \right]$$

INFLACIÓN Y LOS FLUJOS DE CAJA

Uno de los puntos relevantes en la elaboración de un flujo de caja de un proyecto es tener presente **no considerar la inflación**. Por esta situación, la tasa de descuento, que es el porcentaje de retorno que la empresa exige a los proyectos, es un valor por **sobre la inflación**. De igual forma, todos los costos y valores de venta de los activos no se deben ajustar por el efecto inflacionario. Por ejemplo, si compramos un camión minero de 180 toneladas que, a contar del día de hoy, trabajará por 15 años y al final del período tendrá 84.000 horas de operación, debemos ver en el mercado, al día de hoy, a cuanto se está vendiendo ese modelo de equipo con 84.000 horas de operación. Si suponemos que hoy existen compradores que pagan 100 mil dólares por este camión, este es el valor que debemos registrar en el flujo de caja en el año 15 del proyecto. De igual forma, si al día de hoy, el costo variable de mantener un camión que tiene 13 años de operación es de 637 mil dólares, ese mismo valor debe ir en el flujo en el año 13 del proyecto. Ver ejemplo siguiente.

Tabla 36 Ejemplo de un flujo de caja

Cifras en miles de dólares		Año					
		Hoy – Año 0	1	.	13	14	15
Inversión	-	2.860					
Ingresos	+						
Costos Variables	-				637		
Valor de venta activo	+						100

Fuente: Elaboración propia

121

Las razones que justifican no incorporar la inflación a los flujos de caja son variadas, algunas de ellas se indican a continuación (Sapag, 2011).

- *Existe una escasa posibilidad de proyectar la inflación a 10 o más años, dadas las innumerables variables que influyen en su comportamiento*
- *En la economía de distintos países, la inflación es medida a través de la variación mensual de precios de cientos de productos; sin embargo, en nuestro flujo de caja están solamente algunos de esos productos, por lo cual tendríamos que calcular esta variación mensual de inflación sólo para ellos*
- *No todos los ítems incluidos en nuestro flujo de caja son afectados de igual forma por la inflación*

EJERCICIOS RESUELTOS

A continuación, se desarrollarán algunos ejemplos de cálculos de reemplazos de camiones mineros en función de información de distintas faenas mineras. Para resguardar la información específica de las distintas empresas, se han realizado las mínimas modificaciones posibles a la información, sin perder lo esencial de los resultados. De igual forma, todos los valores han sido ajustados al año 2022, que es cuando se escribió este libro.

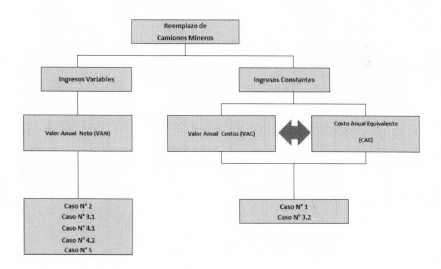

Figura 7 Casos de ejercicios resueltos

CASO N° 1. CAMIÓN MECÁNICO DE 180 TON. (CAE)

Una faena minera ha decidido realizar la compra de camiones de 180 toneladas y definido que estos serán reemplazados a los 15 años de operación equivalente a 84.000 horas de uso. Habiendo realizado un estudio detallado de los costos directos y valores de venta de los camiones, la empresa minera quiere, a través de un **estudio de costos**, confirmar que el momento óptimo de reemplazo a los 15 años de operación es correcto. Además, establece que, en el caso de ser reemplazados antes del período, será por uno de la misma marca y modelo. La tasa de descuento de la empresa es de un 20%. El valor del equipo nuevo es de 2,860 millones de dólares y los costos directos de mantenimiento y valores de venta del activo se presentan en la tabla de la página siguiente.

Respuesta:

Dado que nos solicitan sólo un estudio de costos y no nos entregan ninguna información adicional sobre el proceso minero, es que se supone que los ingresos son constantes. Para este caso, corresponde utilizar el **cálculo del costo anual equivalente (CAE)**. En la tabla siguiente, se aprecia que el valor de venta baja rápidamente hasta llegar a los 100 mil dólares; pero, *¿Cómo puede ser esto posible?* La explicación está en el hecho que el precio de un camión usado está determinado por la oferta y demanda, y en el caso en que la empresa minera esté constantemente vendiendo sus camiones usados, en algún momento saturará el mercado y no encontrará compradores, por lo que tendrá que venderlos como chatarra.

Tabla 37 CAE para camión mecánico de 180 ton. (Caso N° 1)

Año	Costos Directo [kusd]	C. Directo $\times \dfrac{1}{(1+r)^n}$ [kusd]	Valor Venta [kusd]	VAC [kusd]	FRC -	CAE [kusd]
1	591	493	190	3.163	1,20	3.795
2	530	368	180	3.541	0,65	2.318
3	888	514	170	4.065	0,47	1.930
4	1.058	510	160	4.585	0,39	1.771
5	1.150	462	150	5.057	0,33	1.691
6	1.141	382	140	5.449	0,30	1.639
7	1.271	355	130	5.814	0,28	1.613
8	1.503	350	120	6.174	0,26	1.609
9	1.718	333	110	6.517	0,25	1.617
10	2.409	389	100	6.916	0,24	1.650
11	2.645	356	100	7.272	0,23	1.681
12	2.560	287	100	7.559	0,23	1.703
13	2.029	190	100	7.749	0,22	1.709
14	1.837	143	100	7.892	0,22	1.712
15	2.259	147	100	8.038	0,21	1.719

Fuente: Elaboración propia

La forma como se construye el cálculo del CAE consiste en realizar el cálculo de los flujos de caja en forma sucesiva, considerando que el camión se reemplaza cada 1 año, luego cada 2 años y así, sucesivamente, hasta el año 15, que es cuando está previsto su reemplazo. Veamos el detalle a continuación.

$$CAE_n = \left[\frac{(1+r)^n \times r}{(1+r)^n - 1}\right] \times \left[I_0 + \sum_{i=1}^{n} \frac{C_i}{(1+r)^i} - VR_n\right]$$

Consideremos que el camión se reemplazará cada n= 1 año

$$CAE_1 = \left[\frac{(1+20\%)^1 \times 20\%}{(1+20\%)^1 - 1}\right] \times [2.860 + 493 - 190] = 3.795$$

126

Consideremos que el camión se reemplazará cada n= 2 años

$$CAE_2 = \left[\frac{(1+20\%)^2 \times 20\%}{(1+20\%)^2 - 1}\right] \times [2.860 + 493 + 368 - 180] = 2.318$$

Consideremos que el camión se reemplazara cada n= 3 años

$$CAE_3 = \left[\frac{(1+20\%)^3 \times 20\%}{(1+20\%)^3 - 1}\right] \times [2.860 + 493 + 368 + 514 - 170]$$

$$CAE_3 = 1.930 \; [kusd]$$

Y así sucesivamente, el momento óptimo de reemplazo será en el año en se hace mínimo el CAE. En la figura siguiente se muestra su evolución.

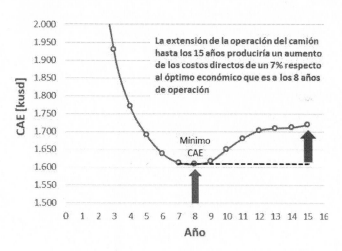

Figura 8 CAE mínimo al octavo año de operación (Caso N° 1)

Fuente: Elaboración propia

Los resultados nos indican que el $CAE_{mínimo}$ está en el octavo año de operación con un costo anual equivalente de 1,609 millones de dólares. Esto quiere decir que, si evaluamos el proyecto a 15 años, considerando el reemplazo al octavo año, se gastaría por camión un total de 24,135 millones de dólares, que es la multiplicación de 1,609 millones anuales por 15 años. En general, existe un **rango aceptable** de años, en el cual, no hay una mayor desviación en los costos respecto al óptimo. Para este rango aceptable, no hay un valor establecido; y para el caso del ejemplo, lo podemos definir en un valor de 5%, que es equivalente a que el reemplazo se produzca entre los años 5 al 11 de operación.

En el caso de seguir el plan inicial de reemplazo del equipo a los 15 años de operación, se obtendría un costo anual equivalente de 1,719 millones de dólares anuales y, para el período de 15 años, un total de 25,785 millones de dólares que resulta de la multiplicación de 1,719 millones por 15 años, por lo que, se estarían gastando de forma adicional 1,650 millones de dólares por camión en un período de 15 años *([1,719-1,609] x 15 años)*.

Esta cifra es relevante dado que es equivalente al 57% del valor de un camión minero nuevo. Otra forma de verlo es pensar que *"por ahorrarnos el reemplazo de un camión en el octavo año, gastamos el equivalente de 1/2 camión adicional"*.

Tabla 38 Rango aceptable para reemplazo de camión (Caso N° 1)

Año	CAE_n [kusd]	CAE_{minimo} [kusd]	$CAE_n - CAE_{minimo}$ [kusd]	$\dfrac{CAE_n}{CAE_{minimo}} - 1$ [%]	Rango aceptable
1	3.795		2.186	136%	
2	2.318		709	44%	
3	1.930		321	20%	
4	1.771		162	10%	
5	1.691		82	5%	Hasta un 5% de diferencia respecto al momento óptimo
6	1.639		30	2%	
7	1.613		4	0%	
8	1.609	1.609	0	0%	
9	1.617		8	0%	
10	1.650		41	3%	
11	1.681		72	4%	
12	1.703		94	6%	
13	1.709		101	6%	
14	1.712		103	6%	
15	1.719		110	7%	

Fuente: Elaboración propia

CASO N° 2. CAMIÓN MECÁNICO DE 180 TON. (VAN)

Veamos la misma faena minera del Caso N° 1, pero ahora queremos determinar el momento óptimo de reemplazo incorporando los ingresos variables y costos atribuibles a su funcionamiento. Para obtener ese dato debemos utilizar el cálculo del **valor actual neto (VAN)** a través de la elaboración de los flujos de caja a 15 años y considerar el caso de reemplazar un camión cada 1 año, 2 años, 3 años y así sucesivamente hasta el cierre de la operación minera a los 15 años.

Los ingresos y costos variables de Planta, fueron obtenidos del Ejemplo N° 8, página 109. En este caso, lo que nos resta por determinar son los costos variables de operación del camión. El Plan Minero establece costos por hora de los camiones, en función de las horas de operación acumuladas del equipo.

Tabla 39 Tarifa costo variable por tramo de horas (Caso N° 2)

N°	Tramo		Tarifa $\dfrac{usd}{hora}$
	Inicio	Término	
1	0	5.646	94,5
2	5.646	11.292	93,8
3	11.292	16.938	153,4
4	16.938	22.584	187,0
5	22.584	28.230	205,8
6	28.230	33.876	199,5
7	33.876	39.522	214,7
8	39.522	45.168	259,7
9	45.168	50.814	296,9
10	50.814	56.460	430,9
11	56.460	62.106	467,8
12	62.106	67.752	487,2
13	67.752	73.398	396,1

Fuente: Elaboración propia

131

Respuesta:

La forma de construcción del VAN consiste en realizar el cálculo de los flujos de caja a 15 años, considerando los escenarios en donde se adquiere y vende el camión cada 1 año, luego cada 2 años y así sucesivamente. Veamos el detalle a continuación.

Tabla 40 Tabla de ingresos y costos (Caso N° 2)

Año	Valor Venta [kusd]	Ingresos Millones USD	Costo Variable Planta (70%) Millones USD	Costo Variable Camión según tarifa por tramo [kusd]
1	190	26,308	18,416	585
2	180	20,978	14,684	566
3	170	15,216	10,651	909
4	160	13,325	9,327	1,069
5	150	17,741	12,418	1,149
6	140	17,223	12,056	1,158
7	130	18,139	12,697	1,312
8	120	20,375	14,262	1,546
9	110	19,316	13,521	1,874
10	100	16,749	11,724	2,459
11	100	15,747	11,023	2,629
12	100	10,927	7,649	2,485
13	100	11,330	7,931	2,021
14	100	11,617	8,132	1,845
15	100	11,060	7,742	2,266

Fuente: Elaboración propia

En esta situación, los ingresos varían anualmente porque los parámetros mineros, como son: **la velocidad de transporte, la distancia de los circuitos y el precio del mineral varía anualmente**. Como ejemplos de cálculos, se desarrollarán los casos de reemplazo cada 1, 2 y 3 años.

132

Escenario: Adquisición y venta cada 1 año

$$VAN(cada\ 1\ año) = \left[-\frac{2.860}{(1+20\%)^0} + \frac{26.308 - 18.416 - 585}{(1+20\%)^1} + \frac{190}{(1+20\%)^1} \right]$$

$$+ \left[-\frac{2.860}{(1+20\%)^1} + \frac{22.950 - 16.065 - 585}{(1+20\%)^2} + \frac{190}{(1+20\%)^2} \right]$$

$$+ \left[-\frac{2.860}{(1+20\%)^2} + \frac{16.346 - 11.442 - 585}{(1+20\%)^3} + \frac{190}{(1+20\%)^3} \right]$$

$$+ \left[-\frac{2.860}{(1+20\%)^3} + \frac{14.632 - 10.242 - 585}{(1+20\%)^4} + \frac{190}{(1+20\%)^4} \right]$$

$$+ \left[-\frac{2.860}{(1+20\%)^4} + \frac{19.631 - 13.741 - 585}{(1+20\%)^5} + \frac{190}{(1+20\%)^5} \right]$$

$$+ \left[-\frac{2.860}{(1+20\%)^5} + \frac{18.580 - 13.006 - 585}{(1+20\%)^6} + \frac{190}{(1+20\%)^6} \right]$$

$$+ \left[-\frac{2.860}{(1+20\%)^6} + \frac{19.071 - 13.350 - 585}{(1+20\%)^7} + \frac{190}{(1+20\%)^7} \right]$$

$$+ \left[-\frac{2.860}{(1+20\%)^7} + \frac{21.829 - 15.280 - 585}{(1+20\%)^8} + \frac{190}{(1+20\%)^8} \right]$$

$$+ \left[-\frac{2.860}{(1+20\%)^8} + \frac{20.849 - 14.594 - 585}{(1+20\%)^9} + \frac{190}{(1+20\%)^9} \right]$$

$$+ \left[-\frac{2.860}{(1+20\%)^9} + \frac{18.536 - 12.975 - 585}{(1+20\%)^{10}} + \frac{190}{(1+20\%)^{10}} \right]$$

$$+ \left[-\frac{2.860}{(1+20\%)^{10}} + \frac{17.518 - 12.262 - 585}{(1+20\%)^{11}} + \frac{190}{(1+20\%)^{11}} \right]$$

$$+ \left[-\frac{2.860}{(1+20\%)^{11}} + \frac{12.936 - 9.055 - 585}{(1+20\%)^{12}} + \frac{190}{(1+20\%)^{12}} \right]$$

$$+ \left[-\frac{2.860}{(1+20\%)^{12}} + \frac{13.671 - 9.570 - 585}{(1+20\%)^{13}} + \frac{190}{(1+20\%)^{13}} \right]$$

$$+ \left[-\frac{0}{(1+20\%)^{13}} + \frac{3.763 - 2.634 - 0}{(1+20\%)^{14}} + \frac{190}{(1+20\%)^{14}} \right]$$

Nota: Se define como movimiento máximo de material un total de 44,806 millones de toneladas, que para este caso, se cumplen a los 14 años del proyecto

$$VAN(cada\ 1\ año) = [-2.860,0 + 6.247,5] + [-2.383,3 + 4.506,9]$$
$$+ [-1.986,1 + 2.609,3] + [-1.655,1 + 1.926,6]$$
$$+ [-1.379,2 + 2.208,3] + [-1.149,3 + 1.734,4]$$
$$+ [-957,8 + 1.486,4] + [-798,1 + 1.431,2]$$
$$+ [-665,1 + 1.1135,7] + [-554,3 + 834,3]$$
$$+ [-461,9 + 654,2] + [-384,9 + 390,9] + [-320,7 + 346,3]$$
$$+ [-0 + 102,7]$$

$$VAN(cada\ 1\ año) = [+3.387,5] + [+2.123,6] + [+623,2] + [+271,5]$$
$$+ [+829,1] + [+585,1] + [+526,6] + [+633,1] + [+470,6]$$
$$+ [+280,0] + [192,3] + [+6,0] + [+25,6] + [+102,7]$$

$$VAN(cada\ 1\ año) = +10.056,9\ [kusd]$$

Escenario: Adquisición y venta cada 2 años

$VAN(\text{cada } 2 \text{ años})$

$$
\begin{aligned}
&= \left[-\frac{2.860}{(1+20\%)^0} + \frac{26.308 - 18.416 - 585}{(1+20\%)^1} + \frac{0}{(1+20\%)^1}\right] \\
&+ \left[-\frac{0}{(1+20\%)^1} + \frac{20.978 - 14.684 - 566}{(1+20\%)^2} + \frac{180}{(1+20\%)^2}\right] \\
&+ \left[-\frac{2.860}{(1+20\%)^2} + \frac{16.346 - 11.442 - 585}{(1+20\%)^3} + \frac{0}{(1+20\%)^3}\right] \\
&+ \left[-\frac{0}{(1+20\%)^3} + \frac{13.374 - 9.362 - 566}{(1+20\%)^4} + \frac{180}{(1+20\%)^4}\right] \\
&+ \left[-\frac{2.860}{(1+20\%)^4} + \frac{19.631 - 13.741 - 585}{(1+20\%)^5} + \frac{0}{(1+20\%)^5}\right] \\
&+ \left[-\frac{0}{(1+20\%)^5} + \frac{16.983 - 11.888 - 566}{(1+20\%)^6} + \frac{180}{(1+20\%)^6}\right] \\
&+ \left[-\frac{2.860}{(1+20\%)^6} + \frac{19.071 - 13.350 - 585}{(1+20\%)^7} + \frac{0}{(1+20\%)^7}\right] \\
&+ \left[-\frac{0}{(1+20\%)^7} + \frac{19.953 - 13.967 - 566}{(1+20\%)^8} + \frac{180}{(1+20\%)^8}\right] \\
&+ \left[-\frac{2.860}{(1+20\%)^8} + \frac{20.849 - 14.594 - 585}{(1+20\%)^9} + \frac{0}{(1+20\%)^9}\right] \\
&+ \left[-\frac{0}{(1+20\%)^9} + \frac{16.943 - 11.860 - 566}{(1+20\%)^{10}} + \frac{180}{(1+20\%)^{10}}\right] \\
&+ \left[-\frac{2.860}{(1+20\%)^{10}} + \frac{17.518 - 12.262 - 585}{(1+20\%)^{11}} + \frac{0}{(1+20\%)^{11}}\right] \\
&+ \left[-\frac{0}{(1+20\%)^{11}} + \frac{11.824 - 8.277 - 566}{(1+20\%)^{12}} + \frac{180}{(1+20\%)^{12}}\right] \\
&+ \left[-\frac{2.860}{(1+20\%)^{12}} + \frac{13.671 - 9.570 - 585}{(1+20\%)^{13}} + \frac{0}{(1+20\%)^{13}}\right] \\
&+ \left[-\frac{0}{(1+20\%)^{13}} + \frac{11.929 - 8.350 - 566}{(1+20\%)^{14}} + \frac{0}{(1+20\%)^{14}}\right] \\
&+ \left[-\frac{0}{(1+20\%)^{14}} + \frac{1.151 - 805 - 0}{(1+20\%)^{15}} + \frac{170}{(1+20\%)^{15}}\right]
\end{aligned}
$$

$VAN(\text{cada } 2 \text{ años})$

$$
\begin{aligned}
&= [-2.860 + 6.089,1] + [-0 + 4.102,7] \\
&+ [-1.986,1 + 2.499,4] + [-0 + 1.748,6] \\
&+ [-1.379,2 + 2.131,9] + [-0 + 1.577,0] \\
&+ [-957,8 + 1.433,3] + [-0 + 1.302,4] + [-665,1 + 1.098,9] \\
&+ [-0 + 758,6] + [-461,9 + 628,6] + [-0 + 354,5] \\
&+ [-320,7 + 328,6] + [-0 + 234,6] + [+33,5]
\end{aligned}
$$

$VAN(cada\ 2\ años)$

$$= [+3.229,1] + [+4.102,7] + [+513,3] + [+1.748,6]$$
$$+ [+752,7] + [+1.577,0] + [+475,5] + [+1.302,4] + [+433,8]$$
$$+ [+758,6] + [+166,7] + [+354,5] + [+7,9] + [+234,6]$$
$$+ [+33,5]$$

$VAN = +15.690,9\ [\ kusd]$

Escenario: Adquisición y venta cada 3 años

$VAN(cada\ 3\ años)$

$$= \left[-\frac{2.860}{(1+20\%)^0} + \frac{26.308 - 18.416 - 585}{(1+20\%)^1} + \frac{0}{(1+20\%)^1}\right]$$
$$+ \left[-\frac{0}{(1+20\%)^1} + \frac{20.978 - 14.684 - 566}{(1+20\%)^2} + \frac{0}{(1+20\%)^2}\right]$$
$$+ \left[-\frac{0}{(1+20\%)^2} + \frac{15.216 - 10.651 - 909}{(1+20\%)^3} + \frac{170}{(1+20\%)^3}\right]$$
$$+ \left[-\frac{2.860}{(1+20\%)^3} + \frac{14.632 - 10.242 - 585}{(1+20\%)^4} + \frac{0}{(1+20\%)^4}\right]$$
$$+ \left[-\frac{0}{(1+20\%)^4} + \frac{17.943 - 12.560 - 566}{(1+20\%)^5} + \frac{0}{(1+20\%)^5}\right]$$
$$+ \left[-\frac{0}{(1+20\%)^5} + \frac{17.295 - 12.106 - 909}{(1+20\%)^6} + \frac{170}{(1+20\%)^6}\right]$$
$$+ \left[-\frac{2.860}{(1+20\%)^6} + \frac{19.071 - 13.350 - 585}{(1+20\%)^7} + \frac{0}{(1+20\%)^7}\right]$$
$$+ \left[-\frac{0}{(1+20\%)^7} + \frac{19.953 - 13.967 - 566}{(1+20\%)^8} + \frac{0}{(1+20\%)^8}\right]$$
$$+ \left[-\frac{0}{(1+20\%)^8} + \frac{19.406 - 13.584 - 909}{(1+20\%)^9} + \frac{170}{(1+20\%)^9}\right]$$
$$+ \left[-\frac{2.860}{(1+20\%)^9} + \frac{18.536 - 12.975 - 585}{(1+20\%)^{10}} + \frac{0}{(1+20\%)^{10}}\right]$$
$$+ \left[-\frac{0}{(1+20\%)^{10}} + \frac{16.012 - 11.208 - 566}{(1+20\%)^{11}} + \frac{0}{(1+20\%)^{11}}\right]$$
$$+ \left[-\frac{0}{(1+20\%)^{11}} + \frac{12.041 - 8.429 - 909}{(1+20\%)^{12}} + \frac{170}{(1+20\%)^{12}}\right]$$
$$+ \left[-\frac{2.860}{(1+20\%)^{12}} + \frac{13.671 - 9.570 - 585}{(1+20\%)^{13}} + \frac{0}{(1+20\%)^{13}}\right]$$
$$+ \left[-\frac{0}{(1+20\%)^{13}} + \frac{11.929 - 8.350 - 566}{(1+20\%)^{14}} + \frac{0}{(1+20\%)^{14}}\right]$$
$$+ \left[-\frac{0}{(1+20\%)^{14}} + \frac{3.018 - 2.112 - 0}{(1+20\%)^{15}} + \frac{170}{(1+20\%)^{15}}\right]$$

$VAN(cada\ 3\ años)$

$$= [-2.860 + 6.089,1] + [-0 + 3.977,8] + [-0 + 2.214,1]$$
$$+ [-1.655,1 + 1.834,9] + [-0 + 1.935,8] + [-0 + 1.490,3]$$
$$+ [-957,8 + 1.433,3] + [-0 + 1.260,5] + [-0 + 985,1]$$
$$+ [-554,3 + 803,6] + [-0 + 570,4] + [-0 + 322,2]$$
$$+ [-320,7 + 328,6] + [-0 + 234,6] + [-0 + 69,8]$$

$VAN(cada\ 3\ años)$

$$= [+3.229,1] + [3.977,8] + [+2.214,1] + [+179,8]$$
$$+ [+1.935,8] + [+1.490,3] + [+475,5] + [+1.260,5]$$
$$+ [+985,1] + [+249,3] + [+570,4] + [+322,2] + [+7,9]$$
$$+ [+234,6] + [+69,8]$$

$VAN(cada\ 3\ años) = +17.202,2\ [kusd]$

Y así sucesivamente, el momento óptimo de reemplazo será en el año en se hace máximo el VAN. En la figura siguiente se muestra su evolución.

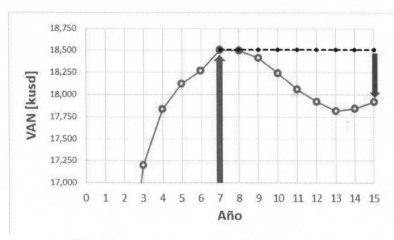

Figura 9 VAN máximo al séptimo año de operación (Caso N° 2)

Fuente: Elaboración propia

137

Los resultados nos indican que el $VAN_{máximo}$ está en el séptimo año de operación con una ganancia de 18,508 millones de dólares en el período de 15 años, equivalente a un monto anual de 3,958 millones de dólares *(VAE – valor anual equivalente)*.

En general, existe un **rango aceptable** de años en el cual no hay una mayor desviación en los beneficios respecto al óptimo. Para este rango aceptable, no hay un valor establecido y para el caso de ejemplo, lo podemos definir en un valor de 5%, que es equivalente a que el reemplazo se produzca entre los años 4 al 15 de operación. En el caso de seguir el plan inicial de reemplazo del equipo a los 15 años de operación, se obtendrían ganancias de 17.918 millones de dólares en el total del período, que es equivalente a un monto anual de 3,832 millones de dólares *(VAE - valor anual equivalente)*.

Tabla 41 Rango aceptable para reemplazo de camión (Caso N°2)

Año	VAN_n [kusd]	$VAN_{máximo}$ [kusd]	$VAN_{máximo} - VAN_n$ [kusd]	$\dfrac{VAN_{máximo}}{VAN_n} - 1$ [%]	Rango aceptable
1	10.056		1.807	46%	
2	15.692		602	15%	
3	17.201		279	7%	
4	17.832		144	4%	
5	18.122		82	2%	
6	18.267		51	1%	Hasta un 5% de diferencia respecto al momento óptimo
7	18.508	18.508	0	0%	
8	18.503		1	0%	
9	18.416		19	0%	
10	18.238		57	1%	
11	18.061		95	2%	
12	17.921		125	3%	
13	17.815		148	4%	
14	17.845		141	4%	
15	17.918		126	3%	

Fuente: Elaboración propia

CASO N° 3. CAMIÓN ELÉCTRICO DE 225 TON. (VAN~VAC)

En el año 2022, una faena minera adquirirá una flota de camiones mineros eléctricos de 225 toneladas a un valor de 4,860 millones de dólares cada uno y considera que sus **ingresos van a ser contantes en el tiempo** hasta un período de 12 años, que es la vida útil de la operación minera. Habiendo realizado un detallado estudio de los costos directos y valores de venta de los camiones, la empresa minera quiere, a través de un **cálculo del valor actual neto (VAN)**, determinar el momento óptimo de reemplazo. Además, establece que, en el caso de ser reemplazados, será por otros de la misma marca y modelo.

Según el trabajo desarrollado en el Plan Minero, en donde se han definidos los kilómetros de rutas horizontales y con pendiente, y las características técnicas del equipo, se proyectó una velocidad de transporte constante de 15 kilómetros por hora. Su operación será continua, de 24 horas al día por 365 días al año, por un período de **12 años hasta agotar el mineral**. El yacimiento se considera de baja ley con un porcentaje de mineral de 32% y una razón estéril mineral de 3,7:1 *(para transportar 1 tonelada de mineral al chancador primario, se debe mover 3,7 toneladas de material estéril).* De esta razón se obtiene la proporción de E/M ($\frac{1}{3,7+1}$ = $\frac{1}{4,7} \sim 0,21 \sim 21\%$). Para el proceso de Planta, su recuperación fue definida de un 68% y sus costos se consideran un 70% del valor de la venta del mineral. La tasa de descuento de la empresa es de un 20% y el precio de venta del mineral es de 100 dólares la tonelada.

Los parámetros establecidos para el Plan Minero de estos equipos son los que se indican a continuación. De igual forma, se considera un servicio de mantenimiento con el fabricante del equipo bajo una tarifa MARC (Maintenance And Repair Contrac) y un mantenimiento propio.

Tabla 42 Parámetros Plan Minero (Caso N° 3)

N°	Descripción	Un.	Comentario
1	Capacidad de carga	Ton	225
2	Velocidad de transporte	$\dfrac{km}{hora}$	15 (constante)
3	Distancia del circuito	km	4,2 (constante)
4	Disponibilidad	%	84% (constante)
5	Utilización	%	77 %
6	Horas diarias de producción	hrs	24
7	Días de producción	$días$	365
8	Movimiento de material máximo	Ton	No está definido
9	Relación estéril mineral	-	3,7: 1
10	Ley del mineral	%	32 %
11	Precio del mineral	$\dfrac{usd}{Ton}$	100 (constante)
12	Porcentaje de recuperación	%	68 %
13	Costos Variables proceso Planta	$\dfrac{usd}{Ton}$	70% valor de venta

Fuente: Elaboración propia

Tabla 43 Tarifa MARC y Mtto propio por tramo de horas (Caso N° 3)

N°	Tramo		Tarifa MARC $\dfrac{usd}{hora}$	Mtto Propio $\dfrac{usd}{hora}$
	Inicio	Término		
1	0	6.000	24,6	6,5
2	6.001	12.000	45,6	11,2
3	12.001	18.000	157,2	45,6
4	18.001	24.000	86,8	182,8
5	24.001	30.000	54,3	23,0
6	30.001	36.000	169,5	18,0
7	36.001	42.000	96,2	197,0
8	42.001	48.000	60,2	14,2
9	48.001	54.000	183,7	57,1
10	54.001	60.000	77,3	161,2
			955,5	716,6

Fuente: Elaboración propia

Respuesta:

Según el enunciado, debemos realizar el cálculo del **valor actual neto (VAN)**, pero también, se puede apreciar que todos los parámetros asociados al cálculo de los ingresos son constantes, por lo que, podríamos eliminar los ingresos del análisis y concentrarnos sólo en los costos. Dada esta situación, el instante de reemplazo que maximiza los beneficios *(ingresos – costos)* es el mismo en el cual se minimizan los gastos. Se desarrollarán a continuación ambos escenarios:

Caso 3.1: Maximización de beneficios, VAN

La forma de construcción del VAN consiste en realizar el cálculo de los flujos de caja a 12 años, considerando los escenarios en que el camión se reemplaza cada 1 año, luego cada 2 años y así sucesivamente. Veamos el detalle a continuación para una tarifa contrato MARC. Como ejemplos de cálculos, se desarrollarán los casos de reemplazo 1 vez al año y cada 12 años.

Escenario: Adquisición y venta cada 1 año

$$VAN(cada\ 1\ año) = \left[-\frac{4.860}{(1+20\%)^0} + \frac{10.926-7.648-140}{(1+20\%)^1} + \frac{190}{(1+20\%)^1}\right]$$
$$+ \left[-\frac{4.860}{(1+20\%)^1} + \frac{10.926-7.648-140}{(1+20\%)^2} + \frac{190}{(1+20\%)^2}\right]$$
$$+ \left[-\frac{4.860}{(1+20\%)^2} + \frac{10.926-7.648-140}{(1+20\%)^3} + \frac{190}{(1+20\%)^3}\right]$$
$$+ \left[-\frac{4.860}{(1+20\%)^3} + \frac{10.926-7.648-140}{(1+20\%)^4} + \frac{190}{(1+20\%)^4}\right]$$
$$+ \left[-\frac{4.860}{(1+20\%)^4} + \frac{10.926-7.648-140}{(1+20\%)^5} + \frac{190}{(1+20\%)^5}\right]$$
$$+ \left[-\frac{4.860}{(1+20\%)^5} + \frac{10.926-7.648-140}{(1+20\%)^6} + \frac{190}{(1+20\%)^6}\right]$$
$$+ \left[-\frac{4.860}{(1+20\%)^6} + \frac{10.926-7.648-140}{(1+20\%)^7} + \frac{190}{(1+20\%)^7}\right]$$
$$+ \left[-\frac{4.860}{(1+20\%)^7} + \frac{10.926-7.648-140}{(1+20\%)^8} + \frac{190}{(1+20\%)^8}\right]$$
$$+ \left[-\frac{4.860}{(1+20\%)^8} + \frac{10.926-7.648-140}{(1+20\%)^9} + \frac{190}{(1+20\%)^9}\right]$$
$$+ \left[-\frac{4.860}{(1+20\%)^9} + \frac{10.926-7.648-140}{(1+20\%)^{10}} + \frac{190}{(1+20\%)^{10}}\right]$$
$$+ \left[-\frac{4.860}{(1+20\%)^{10}} + \frac{10.926-7.648-140}{(1+20\%)^{11}} + \frac{190}{(1+20\%)^{11}}\right]$$
$$+ \left[-\frac{4.860}{(1+20\%)^{11}} + \frac{10.926-7.648-140}{(1+20\%)^{12}} + \frac{190}{(1+20\%)^{12}}\right]$$

$$
\begin{aligned}
VAN(cada\ 1\ año) = {} & [-4.860,0 + 2.773,3] + [-4.050,0 + 2.311,1] \\
& + [-3.375,0 + 1.925,9] + [-2.812,5 + 1.604,9] \\
& + [-2.343,7 + 1.337,4] + [-1.953,1 + 1.114,5] \\
& + [-1.627,6 + 928,8] + [-1.356,3 + 774,0] \\
& + [-1.130,3 + 645,0] + [-941,9 + 538,0] + [-784,9 + 448,0] \\
& + [-654,1 + 373,2]
\end{aligned}
$$

$$
\begin{aligned}
VAN(cada\ 1\ año) = {} & [-2.086,7] + [-1.738,9] + [-1.449,1] + [-1.207,6] \\
& + [-1.006,3] + [-838,6] + [-698,8] + [-582,3] + [-485,3] \\
& + [-403,9] + [-336,9] + [-280,9]
\end{aligned}
$$

$$VAN(cada\ 1\ año) = -11.115,3\ [kusd]$$

Escenario: Adquisición y venta cada 12 años

$VAN(cada\ 12\ años)$

$$= \left[-\frac{4.860}{(1+20\%)^0} + \frac{10.926 - 7.648 - 140}{(1+20\%)^1} + \frac{0}{(1+20\%)^1}\right]$$
$$+ \left[-\frac{0}{(1+20\%)^1} + \frac{10.926 - 7.648 - 251}{(1+20\%)^2} + \frac{0}{(1+20\%)^2}\right]$$
$$+ \left[-\frac{0}{(1+20\%)^2} + \frac{10.926 - 7.648 - 816}{(1+20\%)^3} + \frac{0}{(1+20\%)^3}\right]$$
$$+ \left[-\frac{0}{(1+20\%)^3} + \frac{10.926 - 7.648 - 562}{(1+20\%)^4} + \frac{0}{(1+20\%)^4}\right]$$
$$+ \left[-\frac{0}{(1+20\%)^4} + \frac{10.926 - 7.648 - 351}{(1+20\%)^5} + \frac{0}{(1+20\%)^5}\right]$$
$$+ \left[-\frac{0}{(1+20\%)^5} + \frac{10.926 - 7.648 - 768}{(1+20\%)^6} + \frac{0}{(1+20\%)^6}\right]$$
$$+ \left[-\frac{0}{(1+20\%)^6} + \frac{10.926 - 7.648 - 692}{(1+20\%)^7} + \frac{0}{(1+20\%)^7}\right]$$
$$+ \left[-\frac{0}{(1+20\%)^7} + \frac{10.926 - 7.648 - 425}{(1+20\%)^8} + \frac{0}{(1+20\%)^8}\right]$$
$$+ \left[-\frac{0}{(1+20\%)^8} + \frac{10.926 - 7.648 - 711}{(1+20\%)^9} + \frac{0}{(1+20\%)^9}\right]$$
$$+ \left[-\frac{0}{(1+20\%)^9} + \frac{10.926 - 7.648 - 758}{(1+20\%)^{10}} + \frac{0}{(1+20\%)^{10}}\right]$$
$$+ \left[-\frac{0}{(1+20\%)^{10}} + \frac{10.926 - 7.648 - 419}{(1+20\%)^{11}} + \frac{0}{(1+20\%)^{11}}\right]$$
$$+ \left[-\frac{0}{(1+20\%)^{11}} + \frac{10.926 - 7.648 - 675}{(1+20\%)^{12}} + \frac{100}{(1+20\%)^{12}}\right]$$

$VAN(cada\ 12\ años)$
$$= [-4.860,0 + 2.615,0] + [-0 + 2.102,0] + [-0 + 1.424,7]$$
$$+ [-0 + 1.309,4] + [-0 + 1.176,3] + [-0 + 840,6]$$
$$+ [-0 + 721,7] + [-0 + 663,5] + [-0 + 497,5]$$
$$+ [-0 + 407,0] + [-0 + 384,8] + [-0 + 291,9 + 11,2]$$

$VAN(cada\ 12\ años)$
$$= [-2.245,0] + [+2.102,0] + [+1.424,7] + [+1.309,4]$$
$$+ [+1.176,3] + [+840,6] + [+721,7] + [+663,5] + [+497,5]$$
$$+ [+407,0] + [+384,8] + [+303,1]$$

$VAN(cada\ 12\ años) = +7.585,6\ [kusd]$

143

Y así sucesivamente, el momento óptimo de reemplazo será en el año en se hace máximo el VAN. En la figura siguiente se muestra su evolución.

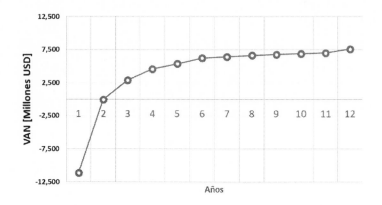

Figura 10 VAN máximo al no reemplazar el camión (Caso N° 3.1)

Fuente: Elaboración propia

Los resultados nos indican que el $VAN_{máximo}$ está a los 12 años de operación con una ganancia de 7,585 millones de dólares en el período de 12 años, equivalente a un monto anual de 1,708 millones de dólares *(VAE – valor anual equivalente)*.

En general, existe un **rango aceptable** de años en el cual no hay una mayor desviación en los beneficios respecto al óptimo. Para este rango aceptable, no hay un valor establecido y para el caso del ejemplo, lo podemos definir en un valor de 5%, equivalente a que el reemplazo se realice al término del período de evaluación.

Tabla 44 Rango aceptable para reemplazo de camión (Caso N°3)

Año	VAN_n [kusd]	$VAN_{máximo}$ [kusd]	$VAN_{máximo} - VAN_n$ [kusd]	$\dfrac{VAN_{máximo}}{VAN_n} - 1$ [%]	Rango aceptable
1	-11,115		18,700	247%	
2	-0,053		7,638	101%	
3	2,908		4,677	62%	
4	4,575		3,010	40%	
5	5,342		2,243	30%	
6	6,213		1,372	18%	
7	6,417		1,168	15%	
8	6,623		0,962	13%	
9	6,760		0,825	11%	
10	6,890		0,695	9%	
11	6,993		0,592	8%	
12	7,585	7,585	0,000	0%	Al término del período

Fuente: Elaboración propia

Caso 3.2: Minimización de costos, VAC

La forma de construcción del VAC consiste en realizar el cálculo de los flujos de caja a 12 años, considerando los escenarios en que el camión se reemplaza cada 1 año, luego cada 2 años y así sucesivamente. Como en este caso de estudio, el Plan Minero considera todos sus parámetros constantes en el período, el VAN y VAC entregan el mismo óptimo.

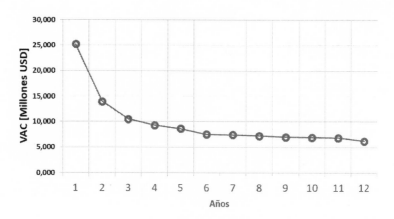

Figura 11 VAC mínimo al no reemplazar el camión (Caso N° 3.2)

Fuente: Elaboración propia

En ambos casos, los máximos beneficios o los mínimos costos se obtienen al no reemplazar el equipo en el transcurso de la vida del proyecto.

146

CASO N° 4. CAMIONES DE 291 Y 326 TON. (VAN)

En el año 2022, una faena minera en Chile, tiene que tomar la decisión entre comprar una flota de camiones mineros de 291 o 326 toneladas de capacidad de carga a valores de mercado de 4,860 y 6,000 millones de dólares cada uno; y considera que sus **ingresos van a ser variables en el tiempo**. Según el trabajo desarrollado en el Plan Minero, en donde se han definidos los kilómetros de rutas horizontales y con pendiente, y las características técnicas del equipo, se proyectaron las velocidades de transporte para los próximos 17 años de operación. Su trabajo será continuo de 24 horas al día por 360 días al año. En el Plan Minero no se definió el momento en que deben ser reemplazados los camiones, por lo que la empresa quiere, a través de un **cálculo de valor actual neto (VAN)**, determinar el momento óptimo de reemplazo. Además, se establece que, en el caso de ser reemplazados, será por otro de la misma marca y modelo y sólo una sola vez en los 17 años de funcionamiento del proyecto.

El yacimiento se considera de baja ley con un porcentaje de mineral de 0,87% y una razón estéril mineral de 1,5:1 *(para transportar 1 tonelada de mineral al chancador primario, se debe mover 1,5 toneladas de material estéril).* De esta razón se obtiene la proporción de E/M ($\frac{1}{1,5+1} = \frac{1}{2,5} \sim 0,40 \sim 40\%$). Para el proceso de Planta, su recuperación fue definida de un 87,5% y sus costos se consideran un 70% del valor de la venta del mineral. Con esta información, se obtienen los ingresos atribuibles al funcionamiento de un camión que puede ser reemplazado en el año 1 de operación, en el año 2 o hasta el año 17. Para los costos variables del proceso Planta se considera un 70% de los ingresos. La tasa de descuento para el proyecto se estima un 8%. A continuación, se presentan las tablas con los parámetros del Plan Minero y costos directos para ambos modelos de equipo en evaluación. Los datos de entrada para el presente caso son los siguientes:

Tabla 45 Parámetros Plan Minero (Caso N° 4)

N°	Descripción	Un.	Camión Minero	
			Eléctrico 291 ton.	Mecánico 326 ton.
1	Capacidad de carga	Ton	291	326
2	Velocidad de transporte	$\dfrac{km}{hora}$	14,3	16,2
3	Disponibilidad	%	90% disminuyendo un 1% por año	80% disminuyendo un 1% por año
4	Distancia del circuito	km	10,4 y aumenta 200 metros por año	
5	Utilización	%	77 %	
6	Horas diarias de producción	hrs	24	
7	Día de producción	$días$	360	
8	Movimiento de material máximo	Ton	Sin límites de toneladas	
9	Relación estéril mineral	-	1,5: 1 (40%)	
10	Ley del mineral	%	0,87 %	
11	Precio del mineral	$\dfrac{usd}{Ton}$	3.834 y constante todo el período de evaluación	
12	Porcentaje de recuperación	%	78 %	
13	Costos Variables proceso Planta	$\dfrac{usd}{Ton}$	70% valor de venta	

Fuente: Elaboración propia

Tabla 46 Parámetros de costos directos (Caso N° 4)

N°	Descripción	Un.	Camión Minero		Incremento Porcentual
			Eléctrico 291 ton.	Mecánico 326 ton.	
1	Combustible	$\dfrac{USD}{hora}$	103	131	+ 27,1%
2	Neumáticos	$\dfrac{USD}{hora}$	56	83	+ 48,2%
3	Costo componentes mayores	$\dfrac{USD}{hora}$	95	139	+ 46,3%

Fuente: Elaboración propia

148

Tabla 47 Frecuencias y costos de reparaciones (Caso N° 4)

Componentes	Tiempo entre reparaciones [horas]		Costos reparación estándar [dólares]	
	Camión 291 ton.	Camión 326 ton.	Camión 291 ton.	Camión 326 ton.
A	16.000	14.000	34.677	573.047
B	10.000	20.000	12.280	57.362
C	24.000	20.000	42.845	285.927
D	16.000	16.000	92.499	321.742
E	16.000	14.000	51.219	29.523
F	24.000	16.000	71.819	166.012
G	24.000	12.000	120.000	55.269
H	24.000	14.000	242.557	33.213
I	16.000	16.000	63.213	58.238
J	24.000	16.000	42.016	32.277
K	18.000	12.000	18.995	20.933
L	30.000	16.000	20.008	15.957
M	18.000	14.000	8.004	36.909
N	5.000	14.000	123.855	8.322
0	20.000	5.000	418.881	87.508
P	60.000	60.000	200.000	200.000
Q	20.000	20.000	120.000	180.000

Fuente: Elaboración propia

Tabla 48 Valor de venta de un camión minero (Caso N° 4)

Año de venta del camión	Valor de venta del camión [dólares]
1	330.000 (decrece 10 mil dólares anuales)
2	320.000
3	310.000
4	300.000
5	290.000
6	280.000
7	270.000
8	260.000
9	250.000
....	....
14	200.000
15	190.000
16	180.000
17	170.000

Fuente: Elaboración propia

Respuesta:

Según el enunciado, debemos realizar el cálculo del **valor actual neto (VAN)** dado que los parámetros de disponibilidades y costos son variables en el tiempo, por lo que los ingresos también varían. Dada esta situación, el instante de reemplazo será el año en que se maximizan los beneficios *(ingresos – costos)*. Se desarrollarán a continuación ambos escenarios:

Caso 4.1: Maximización de beneficios camión eléctrico 291 toneladas, VAN

La forma de construcción del VAN consiste en realizar el cálculo de los flujos de caja a 17 años, considerando los escenarios en que el camión se reemplaza en el año 1 de operación, en el año 2 y así sucesivamente y una sola vez. Como ejemplos de cálculo, se desarrollará el caso de reemplazo a los 10 años.

Escenario: Adquisición y venta a los 10 años

$$VAN(10\ años) = \left[-\frac{4.860}{(1+8\%)^0} + \frac{24.926 - 17.448 - 1.127}{(1+8\%)^1} + \frac{0}{(1+8\%)^1}\right]$$
$$+ \left[-\frac{0}{(1+8\%)^1} + \frac{24.216 - 16.951 - 1.128}{(1+8\%)^2} + \frac{0}{(1+8\%)^2}\right]$$
$$+ \left[-\frac{0}{(1+8\%)^2} + \frac{23.455 - 16.418 - 1.346}{(1+8\%)^3} + \frac{0}{(1+8\%)^3}\right]$$
$$+ \left[-\frac{0}{(1+8\%)^3} + \frac{22.769 - 15.938 - 1.672}{(1+8\%)^4} + \frac{0}{(1+8\%)^4}\right]$$
$$+ \left[-\frac{0}{(1+8\%)^4} + \frac{22.148 - 15.503 - 1.602}{(1+8\%)^5} + \frac{0}{(1+8\%)^5}\right]$$
$$+ \left[-\frac{0}{(1+8\%)^5} + \frac{21.480 - 15.036 - 1.345}{(1+8\%)^6} + \frac{0}{(1+8\%)^6}\right]$$
$$+ \left[-\frac{0}{(1+8\%)^6} + \frac{20.877 - 14.614 - 1.762}{(1+8\%)^7} + \frac{0}{(1+8\%)^7}\right]$$
$$+ \left[-\frac{0}{(1+8\%)^7} + \frac{20.286 - 14.200 - 1.049}{(1+8\%)^8} + \frac{0}{(1+8\%)^8}\right]$$
$$+ \left[-\frac{0}{(1+8\%)^8} + \frac{19.699 - 13.789 - 1.811}{(1+8\%)^9} + \frac{0}{(1+8\%)^9}\right]$$
$$+ \left[-\frac{4.860}{(1+8\%)^9} + \frac{19.124 - 13.387 - 1.054}{(1+8\%)^{10}} + \frac{240}{(1+8\%)^{10}}\right]$$
$$+ \left[-\frac{0}{(1+8\%)^{10}} + \frac{20.938 - 14.656 - 1.127}{(1+8\%)^{11}} + \frac{0}{(1+8\%)^{11}}\right]$$
$$+ \left[-\frac{0}{(1+8\%)^{11}} + \frac{20.334 - 14.234 - 1.128}{(1+8\%)^{12}} + \frac{0}{(1+8\%)^{12}}\right]$$
$$+ \left[-\frac{0}{(1+8\%)^{12}} + \frac{19.799 - 13.859 - 1.346}{(1+8\%)^{13}} + \frac{0}{(1+8\%)^{13}}\right]$$
$$+ \left[-\frac{0}{(1+8\%)^{13}} + \frac{19.275 - 13.492 - 1.672}{(1+8\%)^{14}} + \frac{0}{(1+8\%)^{14}}\right]$$
$$+ \left[-\frac{0}{(1+8\%)^{14}} + \frac{18.754 - 13.128 - 1.602}{(1+8\%)^{15}} + \frac{0}{(1+8\%)^{15}}\right]$$
$$+ \left[-\frac{0}{(1+8\%)^{15}} + \frac{18.302 - 12.812 - 1.345}{(1+8\%)^{16}} + \frac{0}{(1+8\%)^{16}}\right]$$
$$+ \left[-\frac{0}{(1+8\%)^{16}} + \frac{17.795 - 12.456 - 1.762}{(1+8\%)^{17}} + \frac{270}{(1+8\%)^{17}}\right]$$

$$VAN(10 \text{ años}) = [-4.860,0 + 5.880,5 + 0] + [-0 + 5.261,5 + 0]$$
$$+ [-0 + 4.517,7 + 0] + [-0 + 3.792,0 + 0]$$
$$+ [-0 + 3.432,2 + 0] + [-0 + 3.213,2 + 0]$$
$$+ [-0 + 2.626,3 + 0] + [-0 + 2.721,3 + 0]$$
$$+ [-0 + 2.050,5 + 0] + [-2.431,2 + 2.169,1 + 111,1]$$
$$+ [-0 + 2.210,9 + 0] + [-0 + 1.974,4 + 0]$$
$$+ [-0 + 1.689,2 + 0] + [-0 + 1.399,6 + 0]$$
$$+ [-0 + 1.268,5 + 0] + [-0 + 1.209,8 + 0]$$
$$+ [-0 + 966,7 + 72,9]$$

$$VAN(10 \text{ años}) = [+1.020,5] + [+5.261,5] + [+4.517,7] + [+3.792,0]$$
$$+ [+3.432,2] + [+3.213,2] + [+2.626,3] + [+2.721,3]$$
$$+ [+2.050,5] + [-151] + [+2.210,9] + [+1.974,4]$$
$$+ [+1.689,2] + [+1.399,6] + [+1.268,5] + [+1.209,8]$$
$$+ [+1.039,6]$$

$$VAN(10 \text{ años}) = +39.276,2 \; [kusd]$$

Caso 4.2: Maximización de beneficios camión mecánico 326 toneladas, VAN

La forma de construcción del VAN consiste en realizar el cálculo de los flujos de caja a 17 años, considerando los escenarios en que el camión se reemplaza en el año 1 de operación, en el año 2 y así sucesivamente y una sola vez. Como ejemplos de cálculo, se desarrollará el caso de reemplazo a los 13 años.

Escenario: Adquisición y venta a los 13 años

$$VAN(13\ años) = \left[-\frac{6.000}{(1+8\%)^0} + \frac{28.136-19.695-1.205}{(1+8\%)^1} + \frac{0}{(1+8\%)^1}\right]$$
$$+ \left[-\frac{0}{(1+8\%)^1} + \frac{27.240-19.068-1.247}{(1+8\%)^2} + \frac{0}{(1+8\%)^2}\right]$$
$$+ \left[-\frac{0}{(1+8\%)^2} + \frac{26.406-18.484-1.175}{(1+8\%)^3} + \frac{0}{(1+8\%)^3}\right]$$
$$+ \left[-\frac{0}{(1+8\%)^3} + \frac{25.591-17.913-2.525}{(1+8\%)^4} + \frac{0}{(1+8\%)^4}\right]$$
$$+ \left[-\frac{0}{(1+8\%)^4} + \frac{24.835-17.384-1.718}{(1+8\%)^5} + \frac{0}{(1+8\%)^5}\right]$$
$$+ \left[-\frac{0}{(1+8\%)^5} + \frac{24.044-16.830-1.203}{(1+8\%)^6} + \frac{0}{(1+8\%)^6}\right]$$
$$+ \left[-\frac{0}{(1+8\%)^6} + \frac{23.311-16.317-2.098}{(1+8\%)^7} + \frac{0}{(1+8\%)^7}\right]$$
$$+ \left[-\frac{0}{(1+8\%)^7} + \frac{22.644-15.851-1.483}{(1+8\%)^8} + \frac{0}{(1+8\%)^8}\right]$$
$$+ \left[-\frac{0}{(1+8\%)^8} + \frac{21.933-15.353-1.085}{(1+8\%)^9} + \frac{0}{(1+8\%)^9}\right]$$
$$+ \left[-\frac{0}{(1+8\%)^9} + \frac{21.282-14.898-2.683|}{(1+8\%)^{10}} + \frac{0}{(1+8\%)^{10}}\right]$$
$$+ \left[-\frac{0}{(1+8\%)^{10}} + \frac{20.646-14.452-1.105}{(1+8\%)^{11}} + \frac{0}{(1+8\%)^{11}}\right]$$
$$+ \left[-\frac{0}{(1+8\%)^{11}} + \frac{20.014-14.010-1.040}{(1+8\%)^{12}} + \frac{0}{(1+8\%)^{12}}\right]$$
$$+ \left[-\frac{6.000}{(1+8\%)^{12}} + \frac{19.444-13.611-2.549}{(1+8\%)^{13}} + \frac{210}{(1+8\%)^{13}}\right]$$
$$+ \left[-\frac{0}{(1+8\%)^{13}} + \frac{22.486-15.740-1.205}{(1+8\%)^{14}} + \frac{0}{(1+8\%)^{14}}\right]$$
$$+ \left[-\frac{0}{(1+8\%)^{14}} + \frac{21.879-15.315-1.247}{(1+8\%)^{15}} + \frac{0}{(1+8\%)^{15}}\right]$$
$$+ \left[-\frac{0}{(1+8\%)^{15}} + \frac{21.276-14.893-1.175}{(1+8\%)^{16}} + \frac{0}{(1+8\%)^{16}}\right]$$
$$+ \left[-\frac{0}{(1+8\%)^{16}} + \frac{20.686-14.480-2.525}{(1+8\%)^{17}} + \frac{300}{(1+8\%)^{17}}\right]$$

$$VAN(13 \text{ años}) = [-6.000,0 + 6.700,0 + 0] + [-0 + 5.937,0 + 0]$$
$$+ [-0 + 5.355,9 + 0] + [-0 + 3.787,6 + 0]$$
$$+ [-0 + 3.901,7 + 0] + [-0 + 3.787,9 + 0]$$
$$+ [-0 + 2.856,7 + 0] + [-0 + 2.868,8 + 0]$$
$$+ [-0 + 2.748,8 + 0] + [-0 + 1.714,2 + 0]$$
$$+ [-0 + 2.182,5 + 0] + [-0 + 1.971,2 + 0]$$
$$+ [-2.382,6 + 1.207,5 + 77,2] + [-0 + 1.886,5 + 0]$$
$$+ [-0 + 1.676,1 + 0] + [-0 + 1.520,1 + 0]$$
$$+ [-0 + 994,8 + 81,1]$$

$$VAN(13 \text{ años}) = [+700,0] + [+5.937,0] + [+5.355,9] + [+3.787,6]$$
$$+ [+3.901,7] + [+3.787,9] + [+2.856,7] + [+2.868,8]$$
$$+ [+2.748,8] + [+1.714,2] + [+2.182,5] + [+1.971,2]$$
$$+ [-1.097,9] + [+1.886,5] + [+1.676,1] + [+1.520,1]$$
$$+ [+1.075,9]$$

$$VAN(13 \text{ años}) = +42.873,0 \; [kusd]$$

Este mismo cálculo se realiza para los 17 años definidos para la evaluación. El momento óptimo de reemplazo será en el año en se hace máximo el VAN. En la figura siguiente se muestra su evolución para ambos camiones mineros.

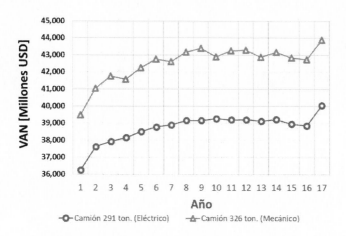

Figura 12 VAN máximo al no reemplazar el camión (Caso N° 4)

Fuente: Elaboración propia

Los resultados nos indican que el $VAN_{máximo}$, para ambos modelos de camiones, ocurre en el escenario cuando nunca es reemplazado el camión. Para el caso del camión de 291 toneladas se obtienen ganancias de 40,046 millones de dólares en el período de 17 años, sin embargo, el camión de 326 toneladas permite obtener ganancias de 43,886 millones de dólares equivalentes a un 8,8% mayor.

En este caso, el incremento de la capacidad de carga de un 12% $\left(\frac{326-291}{291}\right)$, no es directamente proporcional al incremento en las ganancias de un 8,8%, dado que el camión de mayor capacidad tiene mayores costos de operación y menores disponibilidades, las cuales se ven compensadas por su mayor capacidad y velocidad de transporte.

155

CASO N° 5. CAMIÓN AUTÓNOMO DE 326 TON. (VAN)

Para la misma faena minera del caso N° 4 y considerando la información de un camión minero mecánico de 326 toneladas, la empresa quiere evaluar la adquisición del mismo modelo, pero en modalidad autónoma. Según la información vista en el presente libro, en la sección "Camiones Autónomos" podemos definir los parámetros de interés para la evaluación. En la tabla siguiente se muestra un resumen de los parámetros relevantes:

Tabla 49 Diferencias camiones manuales y autónomos (Caso N° 5)

N°	Descripción	Un.	Camión Minero		Variación c/r a un camión manual
			Autónomo 326 ton.	Manual 326 ton.	
1	Combustible	$\frac{USD}{hora}$	117,9	131	- 10%
2	Neumáticos	$\frac{USD}{hora}$	73,04	83	- 12%
3	Costos componentes mayores	$\frac{USD}{hora}$	119,54	139	- 14%
4	Velocidad de transporte	$\frac{km}{hora}$	17,3	16,2	+7%
5	Disponibilidad	%	88% disminuyendo un 1% por año	80% disminuyendo un 1% por año	+8%
6	Valor del equipo	USD	7,800 millones de dólares	6,000 millones de dólares	+ 30%
7	Infraestructura	USD	600 mil dólares por camión	-	Inversión inicial
8	Licencia tecnológica	$\frac{USD}{Año}$	100 mil dólares anuales por camión	-	Costo fijo por uso de tecnología
9	Personal	$\frac{USD}{Año}$	80 mil dólares por cada operador	-	Dependiendo de la cantidad que es reemplazada

Fuente: Elaboración propia

Respuesta:

En este caso, se considerará el camión mecánico de 326 toneladas que operará por 17 años visto en el caso N° 4, como la línea base. Para el caso de la versión autónoma del mismo modelo, se sensibilizará en función de la cantidad de operadores de camiones que es posible dejar de contratar.

Tabla 50 VAN y cantidad de operadores (Caso N° 5)

Cantidad de operadores que se dejan de contratar por cada camión autónomo	Camión Autónomo	Camión Manual	Diferencia
	VAN a los 17 años de operación [Millones USD]		
0	52,173	43,886	+19%
1	52,902	43,886	+20%
2	53,632	43,886	+22%
3	54,362	43,886	+24%
4	55,092	43,886	+25%

Fuente: Elaboración propia

Según los resultados obtenidos, los beneficios por la incorporación de la tecnología de camiones autónomos pueden estar entre un 19% al 25% por sobre un camión manual para un período de evaluación de 17 años. Las inversiones iniciales en camiones autónomos son mayores que en los manuales; sin embargo, estas se pueden recuperar rápidamente dados los beneficios de la tecnología. A continuación, se presenta un gráfico que muestra de forma comparativa los VAN acumulados para los distintos años del proyecto.

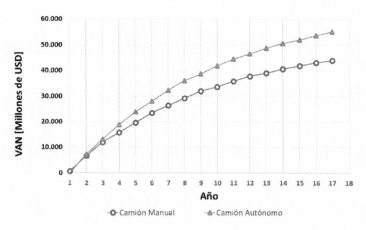

Figura 13 VAN camión manual y autónomo (Caso N° 5)

Fuente: Elaboración propia

En estudio de implementación de camiones autónomos a una mina a cielo abierto (Leiva, 2020) obtiene resultados de reducciones en el costo por tonelada transporta de un 18%, que son cercanos a los valores obtenidos en este caso. En un trabajo de similares características, Mujica (2019) proyecta reducción en el mismo indicado de un 32%. Un poco más conservador, han resultado los ahorros proyectados por el estudio realizado por Díaz (2020), que los proyecta en un 15% y Knights & Franklin (2017) en un 12%.

BIBLIOGRAFÍA

Aggregates Manager Magazine, january 2006

Brundrett S., Industry analysis of autonomous mine haul truck commercialization, Thesis Master of Business Administration, Simon Fraser University, 2014

Carvajal J., Implementación de un modelo de costos operacionales para minera Centinela, Tesis Ingeniería Civil de Minas, Universidad de Chile, 2021

Caterpillar Inc., Autonomous mining truck effiency – A total systems perspective, Rey Agama – Global Regulatory Affairs Manager

Cigolini R., Fedele L., Garetti M., Macchi M., Recent advances in maintenence and facility management, Production Planning & Control, Vl. 19, N° 4, pag. 279-286, June 2008

Cochilco, Análisis del mercado de insumos críticos en la minería del cobre DEPP, N° 201-A-6600, 2020

Credit Suisse, Equity Research Rio Tinto, Diversified Metals & Mining, Asia Pacific/Australia, 2013

Diaz I., Incorporación de la parametrización de las funciones de costos de los sistemas de transporte de rajo abierto en la planificación minera estratégica, Tesis de Magister, Pontificia Universidad Católica de Chile, 2020

Fernández F., Estrategia de contratación de servicios de mantenimiento para camiones de extracción en una empresa minera específica, Tesis Magister en Gestión y Dirección de Empresas, Universidad de Chile, 2019

Frenks N., An alternative stragegic option in managing mine mobile asset replacement, Thesis Master of Business Administration, Simon Fraser University, 2015

Gransberg D., Popescu C., Ryan R., Construction equipment management for engineers, estimators, and owners, Taylor & Francis, CRC Press, 2006

Gölbasi O., Dagdelen K., Equipment replacement análisis of manual truck with autonomous truck technology in open pit mines,

Colorado School of Mines, 38th International Symposiumon the application of computers and operations research in the mineral industry, 2017

Gonzalez H., Selección y asignación óptima de equipos de carguío para el cumplimiento de un plan de producción en minería a cielo abierto, Tesis Ingeniería Civil de Minas, Universidad de Chile, 2017

Holgado M., Macchi M., Evans S., Exploring the impacts and contributions of maintenane function for sustainable manufacturing, Sussex Research Online, Journal of Production Research, Pag. 1-19 ISSN 0020-7543, 2020

Hustrulid W., Kuchta M., Martin R., Open pit mine – Planning & Desing, Vol. N° 1 – Fundamentals, CRC Press, 3rd Edition, 2013

IAM, Anatomía de la gestión de activos, The Institute of Asset Management, versión N° 03, pag. 43, diciembre 2015

Jardine A., Tsang A., Maintecance, replacement and reliability – Theory and appications – Seconf edition, CRC Press, 2013

Khazin M., Xaenh M., Prospects of haulage solutions for mining operations, Journal of Petroleum and Mining Engineering, Vol. 21, N° 3, pag. 144-150, 2021

Knights P., Franklin D., Autonomous Surface mining equipment: is bigger better?, University of Queensland

Komatsu, 980E-5. Ficha técnica de equipo camión Komatsu 980E-5, AESS932-1, 2019

Leiva C., Análisis de implementación de camiones autónomas en mina a cielo abierto, Tesis Ingeniería Civil de Minas, Universidad de Chile, 2020

Li C., Mescua R., Propuesta de plan de mantenimiento centrado en la confiabilidad aplicada a una flota de camiones fuera de carretera en una mina a tajo abierto, Tesis Ingeniería Industrial, Universidad Peruana de Ciencias Aplicadas, 2016

López J., Diseño de un sistema de control de gestión para un contrato de mantenimiento y reparaciones, Tesis Ingeniería Civil Industrial, Universidad de Chile, 2016

Lumley G., Mining for Efficiency, PricewaterhouseCoopers (Director – Mining Intelligence and Benchmarking), 2014

162

Luque E., Modelo de estimación y comparación de velocidades reales vs simuladas en os camiones Komatsu 930E en minera Los Pelambres, Tesis Ingeniero de Minas, Universidad Nacional del Altiplano, 2012

Macchi M., Maintenance costs, Material Code: TU-1.1, Dipartimento di Ingegneria Gestionale, Politecnico de Milano, 2017

Meneses D., Metodología de planificación de la producción de minas a cielo abierto considerando planes alternativos Tesis Magister en Minería, Universidad de Chile, 2019

Mideplan, Metodología de preparación y evaluación de proyectos de reemplazo de equipos, Ministerio de Planificación, División de Planificación, Estudios e Inversión, 2005

Mitchell Z., A statistical analysis of construction equipment repair costs using field data & the acumulative cost model, Thesis Doctor of Philosophy, University of Virginia, 1998

Mujica A., Factibilidad de implementación de camiones autónomos en división Radomiro Tomic, Tesis Magister en Gestión y Dirección de Empresas, Universidad de Chile, 2019

O'Connor E., Major equipment life cycle cost analysis, Iowa State University, Thesis Master of Science, 2014

Parreira J., An iteractive simulation model to compare an autonomous hauage truck system with manually-operated system, Thesis Doctor of Philosophy, University of British Columbia, 2013

Parreira J., Meech J., Autonomous vs manula haulage trucks – How mine simulation contributes to future haulage system developments, University of British Columbia, CIM Meeting, Vancouver, Canadá, 2010

Quintero A., Jiménez I., A framework for data quality risk assessment and improvement of business processes in information systems, Memoria de título, Politecnico di Milano, 2015

Sapag N., Proyectos de Inversión, Formulación y evaluación, 2da Edición, Editorial Pearson, 2011

Spark H., Westcott P., Hall R., Cost estimation handbook, Chapter N° 7, Surface Mining, pag. 95-133, AusIMM, 2011

Teclead S., A decisión support system on equpment replacement, Thesis Master of Science in Mechanical Engineering, Addis Ababa University, 2002

Voronov Y., Voronov A., Makkambayev D., Current state and development prospects of autonomous haulage at Surface mines, E3S Web of Conferences 174, 01028, V International Innovative Mining Symposium, 2020

INFORMACIÓN COMPLEMENTARIA

ANEXO A – Desglose de componentes camión Komatsu 730E

A continuación, se presenta una tabla con el desglose de sistemas, sub-sistemas y componentes para un camión minero eléctrico Komatsu 730E.

Tabla 51 Componentes y sistemas camión Komatsu 730E (parte 1)

Sistema	Sub-Sistema	Componentes
MOTOR	Refrigeración	Radiador
		Bomba de agua
		Ventilador
		Termostato
	Combustible	Bomba de cebado eléctrico
		Inyectores de combustible
		Tanque de combustible
		Bombas de combustible
	Escape	Silenciadores
		Tubos de escape
	Admisión	Aftercooler
		Turbocargadores
	Sistema de Lubricación	Bomba de aceite
		Enfriador de aceite
		Regulador de presión de aceite
TRANSMISIÓN ELÉCTRICA	Propulsión eléctrica	Sistema de control de propulsión
		Invertex (ICP Panel)
		Inversor IGBT
		Panel AFSE
		Rectificador
		Cableado eléctrico de potencia
		Gabinete de control eléctrico
	Sistema de retardo	Parrillas de retardo
		Contactores
		Blower de parrilla
MANDOS FINALES Y RUEDAS	Aros y neumáticos	Neumáticos
		Aros
	Eje delantero y cubo	Cubo de rueda
		Rodamiento de rueda
	Puente de transmisión posterior	Motor de tracción
		Cable de motores de tracción
		Reducción mecánica
		Barra anti corrimiento
SISTEMA HIDRÁULICO PRINCIPAL	Circuito de dirección	Bomba de dirección
		Válvula de sensado de dirección
		Múltiple de aceite hidráulico
		Acumuladores
		Líneas de dirección
		Barra de dirección
		Pines y bocinas de dirección
		Válvula de dirección
		Cilindro de dirección
	Circuito hidráulico general	Tanque hidráulico
		Líneas hidráulicas
		Bomba hidráulica
	Circuito de levante	Válvula de levante
		Cilindros de levante

Fuente: Adaptador de Li & Mescua (2016)

Tabla 52 Componentes y sistemas camión Komatsu 730E (parte 2)

Sistema	Sub-Sistema	Componentes
SUSPENSIÓN	Suspensión	Suspensión delantera Suspensión posterior
CABINA DE OPERADOR	Cabina del operador	Estructura ROPS/FOPS Cinturón de seguridad Controles de operador Asiento de operador
	Aire acondicionado	Unidad de aire acondicionado Compresor de aire acondicionado Líneas de refrigerante
LUBRICACIÓN AUTOMÁTICA	Sistema de lubricación	Sistema automatizado de bombeo Múltiple de lubricación Reservorio de grasa Líneas de lubricación
PROTECCIÓN Y MONITOREO	Prevención de Incendio - AFEX	Líneas de sistema de protección Tanques de PQS Sistema de control
	Sistema PLM + VHMS + CENSE	Controlador PLM Controlador VHMS Controlador CENSE
ESTRUCTURAS	Componentes estructurales	Escaleras y barandas Plataformas Chasis
	Tolva	Tolva Pines de pivot Seguro de traba de tolva
FRENADO	Frenos delanteros	Discos de freno Pastillas de fricción Líneas de frenado
	Frenos Posteriores	Discos de freno Pastillas de fricción Líneas de frenado Freno de parqueo
	Circuito hidráulico de freno	Válvula de control Válvula de freno Líneas de frenado Acumulador de frenos

Fuente: Adaptado de Li & Mescua (2016)

172

ANEXO B – Disponibilidad histórica de camiones mineros

A continuación, se muestra la evolución histórica de las disponibilidades físicas para un camión minero y eléctrico.

Los gráficos son del tipo BoxPlot en donde se especifican los siguientes valores; primer cuartil, el valor mínimo, la mediana, el valor máximo y el tercer cuartil. Además, se incluye la media móvil considerando dos períodos.

Esta información tiene por objetivo ejemplificar cómo las disponibilidades pueden variar ostensiblemente en una misma faena minera año a año. Lo anterior, plantea el hecho que proyecciones de disponibilidades físicas debemos manejarlas con cautela y, en lo posible, sensibilizar nuestros procesos productivos a estas variaciones.

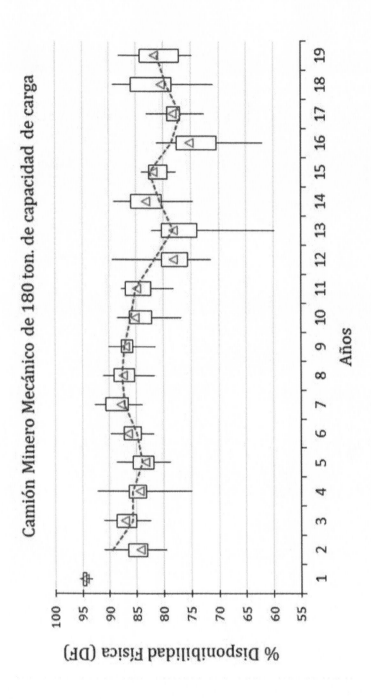

Camión Minero Mecánico de 180 ton. de capacidad de carga

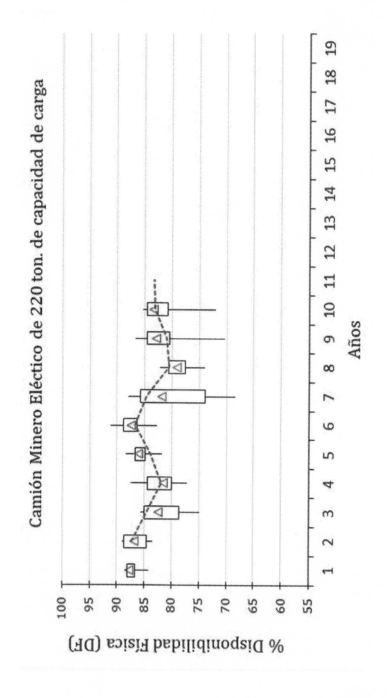

Camión Minero Eléctico de 220 ton. de capacidad de carga

178

ANEXO C - Costos operacionales en camiones mineros

De forma simplificada y únicamente como una referencia se presentan a continuación los costos directos más relevantes a considerar para flotas de camiones mineros y cómo estos evolucionan hasta las 60.000 horas de operación.

Estos valores están actualizado al año 2020 y no puede ser considerada como benchmarking o como una meta para ninguna operación minera. Cada faena minera, dependiendo de sus características particulares de ubicación y altura geográfica, tipo de mineral a explotar, modalidad de contrato de mantenimiento, entre otros, debe proyectar cada una de sus estructuras de costos directos.

Camión Minero Mecánico para transporte de 100 toneladas de capacidad de carga (Fuente: Elaboración propia)

n°	Horómetro		Mantenimiento y Reparación			GET y baldes	Chasis (soldadura)	Lubr. y Grasa	Tire	Total	MTBF	MTTR	DF	Gastos	Acum.
	Desde	Hasta	Repuestos	M.O	Costos Fijos					USD/hrs				USD	USD
1	0	6.000	12,29	11,65	4,44	0	2,1	2,73	6,12	39,34	60-80	3-6	90%	236.020	236.020
2	6.000	12.000	19,55	11,65	4,44	0	2,1	2,73	6,12	46,6	60-80	3-6	89%	279.575	515.595
3	12.000	18.000	90,37	11,65	4,44	0	2,1	2,73	6,12	117,42	60-80	3-6	88%	704.529	1.220.124
4	18.000	24.000	15,01	11,65	4,44	0	2,1	2,73	6,12	42,06	60-80	3-6	87%	252.332	1.472.457
5	24.000	30.000	53,64	11,65	4,44	0	2,1	2,73	6,12	80,69	60-80	3-6	86%	484.148	1.956.605
6	30.000	36.000	53,64	11,65	4,44	0	2,1	2,73	6,12	80,69	60-80	3-6	85%	484.148	2.440.753
7	36.000	42.000	29,64	11,65	4,44	0	2,1	2,73	6,12	56,69	60-80	3-6	85%	340.115	2.780.868
8	42.000	48.000	35,65	11,65	4,44	0	2,1	2,73	6,12	62,7	60-80	3-6	84%	376.186	3.157.054
9	48.000	54.000	63,87	11,65	4,44	0	2,1	2,73	6,12	90,92	60-80	3-6	84%	545.529	3.702.582
10	54.000	60.000	39,45	11,65	4,44	0	2,1	2,73	6,12	66,5	60-80	3-6	83%	398.972	4.101.555
Promedio			41,31	11,65	4,44	0	2,1	2,73	6,12	68,36	60-80	3-6	86%		
Porcentaje Relativo			60%	17%	6%	0%	3%	4%	9%	100%					

Camión Minero Mecánico para transporte de 150 toneladas de capacidad de carga (Fuente: Elaboración propia)

n°	Horómetro		Mantenimiento y Reparación							Total	MTBF	MTTR	DF	Gastos	Acum.
	Desde	Hasta	Repuestos	M.O	Costos Fijos	GET y baldes	Chasis (soldadura)	Lubr. y Grasa	Tire	USD/hrs				USD	USD
1	0	6.000	17,92	13,47	5,07	0	2,8	3,36	9,47	52,1	60-80	3-6	90%	312.620	312.620
2	6.000	12.000	29,72	13,47	5,07	0	2,8	3,36	9,47	63,9	60-80	3-6	89%	383.417	696.037
3	12.000	18.000	106,08	13,47	5,07	0	2,8	3,36	9,47	140,26	60-80	3-6	88%	841.584	1.537.621
4	18.000	24.000	34,29	13,47	5,07	0	2,8	3,36	9,47	68,47	60-80	3-6	87%	410.828	1.948.449
5	24.000	30.000	61,25	13,47	5,07	0	2,8	3,36	9,47	95,43	60-80	3-6	86%	572.603	2.521.052
6	30.000	36.000	68,86	13,47	5,07	0	2,8	3,36	9,47	103,04	60-80	3-6	85%	618.260	3.139.312
7	36.000	42.000	42,43	13,47	5,07	0	2,8	3,36	9,47	76,61	60-80	3-6	85%	459.680	3.598.992
8	42.000	48.000	53,28	13,47	5,07	0	2,8	3,36	9,47	87,46	60-80	3-6	84%	524.760	4.123.753
9	48.000	54.000	63,68	13,47	5,07	0	2,8	3,36	9,47	97,86	60-80	3-6	84%	587.150	4.710.902
10	54.000	60.000	60,47	13,47	5,07	0	2,8	3,36	9,47	94,65	60-80	3-6	83%	567.895	5.278.797
Promedio			53,8	13,47	5,07	0	2,8	3,36	9,47	87,98	60-80	3-6	86%		
Porcentaje Relativo			61%	15%	6%	0%	3%	4%	11%	100%					

Camión Minero Mecánico para transporte de 180 toneladas de capacidad de carga (Fuente: Elaboración propia)

n°	Horómetro		Mantenimiento y Reparación			GET y baldes	Chasis (soldadura)	Lubr. y Grasa	Tire	Total	MTBF	MTTR	DF	Gastos	Acum.
	Desde	Hasta	Repuestos	M.O	Costos Fijos					USD/hrs				USD	USD
1	0	6.000	17,21	13,09	4,97	0	4,2	4,02	15,06	58,56	60-80	3-6	90%	351.382	351.382
2	6.000	12.000	32,86	13,09	4,97	0	4,2	4,02	15,06	74,22	60-80	3-6	89%	445.302	796.684
3	12.000	18.000	118,4	13,09	4,97	0	4,2	4,02	15,06	159,76	60-80	3-6	88%	958.543	1.755.227
4	18.000	24.000	35,33	13,09	4,97	0	4,2	4,02	15,06	76,68	60-80	3-6	87%	460.101	2.215.327
5	24.000	30.000	83,4	13,09	4,97	0	4,2	4,02	15,06	124,75	60-80	3-6	86%	748.504	2.963.832
6	30.000	36.000	64,25	13,09	4,97	0	4,2	4,02	15,06	105,61	60-80	3-6	85%	633.647	3.597.479
7	36.000	42.000	54,57	13,09	4,97	0	4,2	4,02	15,06	95,92	60-80	3-6	85%	575.546	4.173.025
8	42.000	48.000	90,68	13,09	4,97	0	4,2	4,02	15,06	132,04	60-80	3-6	84%	792.227	4.965.252
9	48.000	54.000	41,89	13,09	4,97	0	4,2	4,02	15,06	83,24	60-80	3-6	84%	499.451	5.464.704
10	54.000	60.000	81,29	13,09	4,97	0	4,2	4,02	15,06	122,65	60-80	3-6	83%	735.892	6.200.596
Promedio			61,99	13,09	4,97	0	4,2	4,02	15,06	103,34	60-80	3-6	86%		
Porcentaje Relativo			60%	13%	5%	0%	4%	4%	15%	100%					

Camión Minero Eléctrico para transporte de 220 toneladas de capacidad de carga (Fuente: Elaboración propia)

n°	Horómetro		Mantenimiento y Reparación			GET y baldes	Chasis (solda-dura)	Lubr. y Grasa	Tire	Total USD/hrs	MTBF	MTTR	DF	Gastos USD	Acum. USD
	Desde	Hasta	Repuestos	M.O	Costos Fijos										
1	0	6.000	19,43	21,35	8,3	0	5,93	4,75	17,79	77,56	60-80	3-6	90%	465.348	465.348
2	6.000	12.000	35,96	21,35	8,3	0	5,93	4,75	17,79	94,08	60-80	3-6	89%	564.496	1.029.845
3	12.000	18.000	60,97	21,35	8,3	0	5,93	4,75	17,79	119,1	60-80	3-6	88%	714.606	1.744.451
4	18.000	24.000	123,96	21,35	8,3	0	5,93	4,75	17,79	182,09	60-80	3-6	87%	1.092.551	2.837.002
5	24.000	30.000	68,47	21,35	8,3	0	5,93	4,75	17,79	126,6	60-80	3-6	86%	759.590	3.596.592
6	30.000	36.000	42,8	21,35	8,3	0	5,93	4,75	17,79	100,93	60-80	3-6	85%	605.565	4.202.156
7	36.000	42.000	133,63	21,35	8,3	0	5,93	4,75	17,79	191,76	60-80	3-6	85%	1.150.559	5.352.716
8	42.000	48.000	75,86	21,35	8,3	0	5,93	4,75	17,79	133,99	60-80	3-6	84%	803.932	6.156.648
9	48.000	54.000	47,49	21,35	8,3	0	5,93	4,75	17,79	105,61	60-80	3-6	84%	633.679	6.790.327
10	54.000	60.000	144,85	21,35	8,3	0	5,93	4,75	17,79	202,98	60-80	3-6	83%	1.217.892	8.008.219
Promedio			75,34	21,35	8,3	0	5,93	4,75	17,79	133,47	60-80	3-6	86%		
Porcentaje Relativo			56%	16%	6%	0%	4%	4%	13%	100%					

Libros de la colección "Mantenimiento Minero" disponibles en AMAZON

Made in United States
Orlando, FL
01 June 2023

33680858R00114